围填海计划管理研究

李 晋 等编著

海洋出版社

2017年·北京

图书在版编目（CIP）数据

围填海计划管理研究/李晋等编著. —北京：海洋出版社，2017.3
ISBN 978-7-5027-9778-2

Ⅰ.①围… Ⅱ.①李… Ⅲ.①填海造地-研究-中国 Ⅳ.①TU982.2

中国版本图书馆 CIP 数据核字（2017）第 099858 号

责任编辑：白　燕
责任印制：赵麟苏

海洋出版社　出版发行

http://www.oceanpress.com.cn
北京市海淀区大慧寺路 8 号　邮编：100081
北京文昌阁彩色印刷有限责任公司　　新华书店北京发行所经销
2017 年 6 月第 1 版　2017 年 6 月第 1 次印刷
开本：787 mm×1092 mm　1/16　印张：10.25
字数：230 千字　定价：40.00 元
发行部：62132549　邮购部：68038093　总编室：62114335
海洋版图书印、装错误可随时退换

《围填海计划管理研究》编委会名单

主　编：李　晋

编　委：李亚宁　王　倩　郑芳媛

　　　　曹英志　张宇龙　谭　论

　　　　董　瑞　孙艳莉　王园君

序

海洋孕育了生命和人类，也为我们提供了生存和发展的物质空间。随着人口不断增加，陆地资源日益匮乏，走向海洋、经略海洋早已成为众多濒海国家的战略选择。改革开放以来，沿海地区凭借其独特的区位和资源优势，构筑起外向开放的经济发展格局，进而辐射内陆地区，梯次带动着全国经济社会发展。在这一轮工业化和现代化浪潮中，围填海以其面积开阔、价格低廉、辐射范围广等诸多优势，为沿海地区提供了大量的后备土地资源，有效缓解了土地供求紧张局面，为海洋交通运输、临海工业、滨海城镇建设、旅游休闲、海洋渔业及海岸带经济等产业发展提供了良好的发展空间。正如荷兰、日本、韩国等国家以及我国香港、澳门地区一般，我国的围填海历史同样印证了大规模的填海造地往往与经济高速发展相生相伴。

然而，工业化的步伐仍在不断迈进，后工业化时代的城市发展对围填海的需求远没有停止的迹象，而早期围填海造成的滩涂湿地显著减少、生物多样性迅速下降、海水自净能力减弱、水质明显恶化、生态环境灾害频发等一系列的问题早已触目惊心。经济社会发展与生存环境的关系已成为摆在我们面前最严重的危机，从"发展和扩张"向生态文明价值观的转变也已是主流思想。海洋浩瀚广袤，但海洋资源却并非取之不尽、用之不竭。可以开展填海造地的近岸浅海区域，更是极其珍贵的、不可再生的稀缺资源，如何对待和科学、合理、有序地开发利用这些资源，关系到我们国家和民族的生存发展以及子孙后代的未来命运。

我国政府很早就开始重视围填海的管理。1982 年出台的《中华人民共和国海洋环境保护法》，在防止海岸工程对海洋环境污染损害的相关条款中对围填海进行了规定，从此开启了对围填海环境管理的先河。进入 21 世纪以来，国家对围填海的关注持续升温、管控更加严格。以《中华人民共和国海域使用管理法》为基石，出台了海洋功能区划、区域用海规划、海岸带整治、专项执法督查等一系列的政策措施。2008 年，《国家海洋事业发展规划纲要》中首次提出"将围填海总量控制作为重要手段，纳入国家年度指令性计划管理"。2010 年，围填海计划正式纳入国民经济和社会发展计划。2011年，《围填海计划管理办法》出台。围填海计划管理是海域管理制度的重要创新，也是围填海管理政策体系的一个重要方面。有关围填海的研究内容和方向众多，年轻的作者团队结合多年跟踪研究和实践工作的经验，选择围填海计划开展专题性的研究探讨，立意虽小，但结构完备、自成体系、小处见大，对于从事海域管理的一线工作者、研究人员，以及关心关注围填海工作的各界人士有一定的启迪作用，颇具意义。

本书编写过程中，恰逢围填海总量控制被列入由习近平总书记任组长的中央全面深化改革领导小组重点工作任务。2016 年 12 月 5 日《围填海管控办法》审议通过。本书的主要编写人员也参与了办法的研究起草工作，其管控理念在本书中可见痕迹。作为一名老海洋工作者，我由衷祝福围填海管理更加成熟稳健、海洋更加美丽富饶，也祝愿我们青年一代的海洋科研工作者能够始终保持热忱之心、潜心修为，为海洋事业发展做出更大的贡献。

何广顺

2017 年 2 月

前　言

　　围填海是人类开发利用海洋的一种重要途径，同时也是对海域自然属性影响最为严重的一种用海方式。围填海活动自古有之，我国围填海历史最早可追溯到汉代。从汉代一直到明清，主要是以防洪为首要目标的围填海工程。新中国成立初期，随着农业生产的不断扩大，历经了以围海晒盐、围海造田、围海养殖为主要标志的三次热潮。进入21世纪以来，在工业化、城市化发展的驱动下，以用途多元、集聚明显为特征的围填海活动方兴未艾。与此同时，人们对于围填海的认识和管理也处于不断地演化进步之中。从最初的局部群众自发性行为，到新中国成立初期国家无偿投入支持鼓励，再到改革开放以来逐步开始重视规划、讲求综合效益。时至今日，人们的海洋意识逐渐提升，围填海受到社会各界的广泛关注，大规模围填海所产生的诸如自然岸线消失、滨海湿地萎缩、生物多样性降低、海水动力系统受损等种种生态环境后遗症也引起了人们前所未有的高度重视。

　　2002年以来，随着《中华人民共和国海域使用管理法》的颁布实施，围填海管理也开始步入法制化、规范化的轨道。《海域使用管理法》第四条规定"国家严格管理填海、围海等改变海域自然属性的用海活动"，确定了我国围填海管理的基调。随后陆续出台的一系列配套政策和管理实践，建立了"区划统筹、规划引导、计划调节、科学论证、严格审批、强化监管"的围填海管理体系。围填海计划管理便是其中的重要一环。2009年底，国家发展改革委和国家海洋局联合发布《关于加强围填海规划计划管理的通知》，决定从2010年起实施围填海计划管理，并将围填海计划纳入国民经济和社会发展计划。2011年，两部委再次联合印发《围填海计划管理办法》，正式实行围填海年度总量控制的指令性管理。该办法出台以来，全国年度填海造地项目确权面积均维持在100平方千米左右，较以往年度呈现出平缓回落态势，进一步规范了围填海秩序，强化了围填海调控与监管，围填海计划参与国家宏观经济调节的基础作用初步显现。有关围填海的管理是一个庞大的命题，在多个层面上受到学术界的持续关注和深入研究，然而关于围填海计划管理的专题性研究尚较为鲜见。本书编写团队受国家海洋局海域综合管理司委托自2009年以来持续跟踪研究围填海计划的制度拟定、统计分析、实施评估和台账管理等，在总结以往工作成果的基础上，通过理论与实践结合、归纳与推演呼应、分析与实例印证、定性与定量穿插等方法，较为系统地梳理了围填海计划管理涵盖的主要内容。本书共六章，各章节的主要内容如下：

　　第一章　绪论。主要是对围填海计划管理基本情况的表述，是开展后续章节研究的重要铺垫。具体包括计划管理出台的背景，计划管理的内涵、定位与程序，我国围填海管理的发展脉络，围填海开发利用现状，以及当前围填海管理面临的新形势新要求等。

第二章　国内外相关经验与启示。分别总结分析了荷兰、日本、美国和迪拜四个代表性国家的围填海现状与管理经验，以及我国土地资源、水资源、矿产资源等行业的总量控制和计划管理相关制度措施，并在此基础上提出完善我国围填海管控政策体系的意见建议。

第三章　围填海计划管理制度分析评估。从政策制定和贯彻实施两个层面，对《围填海计划管理办法》的管理程序、管理要求、执行情况及实施成效等进行全面的评估分析，总结实施经验、分析障碍与问题，提出修订细化办法的具体建议，为完善制度、改进管理提供参考借鉴。

第四章　围填海计划总量测算方法研究。分析遴选影响围填海开发利用活动的主要因素，建立围填海总量测算指标体系，定量计算"十三五"时期沿海各省（自治区、直辖市）的围填海控制规模，初步提出年度围填海计划指标分解方法，为年度围填海计划指标建议编报和指标规模确定提供一定的方法和数据支撑。

第五章　围填海计划管理考核体系研究。从围填海计划管理的目标、内容及其与宏观经济调控的关系出发，研究设计计划管理考核指标体系、考核分值计算及考核结果评定方法，结合实例数据开展考核体系验证，提出考核结果的激励与奖惩机制，促进制度更为有效的贯彻施行。

第六章　围填海计划台账管理系统建设。提出围填海计划台账管理系统建设的总体要求，梳理系统设计的总体思路和功能结构，详细介绍系统的数据库设计及主要功能模块的设计与研发，通过台账系统的建设实现了对围填海计划指标使用情况的实时动态管理。

本书由国家海洋信息中心围填海计划管理研究课题组成员共同完成。李晋副研究员组织并参与全书各章节的内容编写与统稿；李亚宁主要承担第五章围填海计划管理考核体系研究部分的编写；王倩主要承担第四章围填海计划总量测算方法研究部分的编写；郑芳媛主要承担第六章围填海计划台账管理系统建设部分的编写；曹英志、张宇龙、谭论、董瑞、孙艳莉、王园君等参与了有关章节的研讨编写、资料收集、数据核对与图件绘制等工作。本书编写过程中受到诸多领导和专家的大力支持和无私帮助。国家海洋信息中心胡恩和研究员对本书编写予以了大力支持，并为围填海计划总量测算、考核管理等提出了建设性的思路建议。王晓惠研究员、金继业研究员、崔晓健研究员等均在本书编写以及日常研究工作中，给予了细心的提点和无私的帮助。另外，特别感谢国家海洋局海域综合管理司潘新春司长、司惠副司长、张志华处长多年来予以的指导和帮助，感谢韩爱青副处长、孙娟副处长、王盈、马宝强、祁峰等同志的鼓励和支持。此处不再一一列举，一并致谢。

受编者研究水平所限，本书仅是对围填海计划管理的粗浅认识，书中理解片面偏颇、认知不当之处在所难免，恳请读者批评指正，不吝赐教。

编　者

2017 年 2 月于天津

目　录

第一章 绪 论

围填海计划是国民经济和社会发展计划的重要组成部分，也是海域管理参与国家宏观调控、经济调节和公共服务的重要手段。围填海计划管理既是对海洋学、管理学、社会学等多学科的交叉应用，也是对海域管理实践的一次重大创新。自 2010 年我国实施围填海计划管理以来，对围填海活动实行有效管控，取得了显著成效。本章从围填海计划管理的背景、内涵，以及我国围填海管理的发展历程、围填海的现状与面临的形势等角度出发，对我国围填海以及计划管理的基本情况进行轮廓性的表述。

第一节 围填海计划管理的背景

随着经济社会的快速发展，围填海成为利用海域资源、缓解土地供需矛盾、拓展发展空间的重要途径。2003 年至 2012 年 10 年间，围填海年度新增的建设用地约占全国年度新增建设用地总面积的 3%~4%，占沿海省（自治区、直辖市）年度新增建设用地面积的 13%~15%。应该说，这些新围填的土地为沿海社会经济的快速发展起到了重要的作用。但不容忽视的是，由于围填海长期缺乏科学规划和总体控制，一些地方不顾海洋资源、生态、环境等方面的承载能力，盲目规划、竞相围填海，也给经济社会持续、健康、稳步发展带来了巨大的潜在负面影响。围填海形成的新建设用地长期游离于全国宏观调控体系之外，尚未纳入国民经济和社会发展计划，也在客观上助长了沿海地方政府的围填海冲动，造成了海域资源的浪费。

迅猛发展的围填海热潮引起国家的高度关注。根据时任总理温家宝对围填海管理提出的"整顿秩序，控制规模，合理利用"指示精神，国家海洋局和国家发改委联合出台了围填海计划管理制度，实施年度围填海总量控制，逐步建立健全围填海科学管理的长效机制，提高围填海计划管理的科学性，充分发挥围填海计划参与国家宏观经济调节的基础作用。

2006 年国家海洋局印发的《关于淤涨型高涂围垦养殖用海管理试点工作的意见》（国海管字〔2006〕245 号），首次在政策性文件中提及围填海总量控制的管理思路，提出对江苏、浙江两省的高涂围垦养殖用海实施年度总量控制制度。2009 年以来，国家海洋局联合有关部委，先后出台的《国家发展改革委 国家海洋局关于加强围填海规划计划管理的通知》（发改地区〔2009〕2976 号）、《国土资源部 国家海洋局关于加强围填海造地有关问题的通知》（国土资发〔2010〕219号）、《国家发展改革委　国家海洋局关于印发〈围填海计划管理办法〉的通知》（发改地区〔2011〕2929号）是有关围填海计划管理的三个核心文件。《关于加强围填海规划计划管理的通知》明确实施围填海计划管理制度，并将围填海计划纳入国民经济和社会发展计划；《关于加强围填海造地管理有关问题的通知》重点解决了围填海造地管理中，因缺乏有效适用的制度与政策，在用海与用地管理的交叉与空白地带造成的悬而未决的难题；在以上两项规范性文件的基础上，《围填海计划管理办法》明确围填海活动必须纳入围填海计划管理，设计了指标安排环节，进一步规范围填海计划的编制、报批、下达、执行和监督等工作。为合理开发和保护淤涨型滩涂海域资源，国家海洋局又于2012年年初出台了《关于加强区域农业围垦用海管理的若干意见》（国海发〔2012〕9号），加强了区域农业围垦用海与围填海计划的衔接。上述一系列规范性文件的相继正式出台，对进一步加强围填海的调控与监管，建立健全围填海科学管理的长效机制，提高围填海计划管理的科学性、充分发挥围填海计划参与国家宏观经济调节的基础作用具有重要意义。

第二节　围填海计划管理的内涵

围填海计划管理是国家通过行政手段，对年度围填海总量进行统一控制和调配的行为。其本质是使现有的海域资源获得最有效、最合理的利用，以实现最佳的经济效益和社会效益，保障和促进海洋经济的可持续发展。由于围填海管理的复杂性和实施初期经验不足等原因，我们对于围填海规划与计划体系构建及彼此间的衔接、社会主义市场经济体制下围填海计划与市场的定位与关系等问题还缺乏较为系统的研究，在理论和实践中仍需进一步完善。

一、基本关系辨析

（一）计划与规划的关系

1. 国家规划与计划

一般意义上的"规划"，可以与"计划"一词互换，对应的英文都是planning。《现代汉语词典》的解释为，"计划"是工作或行动前预先拟定的具体内容和步骤；"规划"是比较全面的、长远的发展计划。由此可见，两者都是未来行动的方案，只是规划更注重宏观性、战略性、指导性和长远性。规划是计划的指导，计划是规划的实施形式。

国家计划是以政府为主体的计划，或者说由政府来负责制定和实施的计划，是政府在认识客观规律的基础上，追求社会经济目标，并对社会资源配置进行有意识调节的集中表现。国家计划主要是指国家的国民经济和社会发展计划。国家规划是指中央政府所制定的经济和社会发展的长远性、全局性的构想，一般包括五年、十年的总体规划和战略性行业与区域规划。

由计划向规划转变是我国由计划经济向市场经济转变的一个主要体现。计划改为规划，表明政府更加注重发挥市场对资源配置的基础性作用，过多、过细的量化指标逐渐淡化，政府更加注重对经济社会发展的宏观把握和调控。规划更加突出宏观性、战略性和指导性，规划指标少而精，而且总体上是以预测性、指导性为主。从计划到规划也体现了政府从微观向宏观、从直接向间接、从项目管理向规划管理的突出转变。自第十一个五年规划开始，我国的国民经济和社会发展五年"计划"被"规划"代替，为沿用习惯说法文中仍使用"国家计划"一词表述。我国现在以规划代替计划，但具体计划仍然是落实规划不可缺少的形式。五年规划代替五年计划，但年度计划仍在运作，离开了年度计划，五年规划也无从实现。

国家计划也就是国民经济和社会发展规划体系，是国家加强和改善宏观调控的重要手段，也是政府履行经济调节、市场监管、社会管理和公共服务职责的重要依据。国民经济和社会发展的各项指标，是经济社会发展年度计划和中长期发展规划具体内容的体现。计划或规划所确定的发展战略和重点任务，需要通过各项指标来具体化地表现出来。国民经济和社会发展规划指标体系的主要作用有三个方面：一是规划指标体系是对国家主要方面的度量和评价。通过其总体效应来刻画、评价国民经济的总体状况，可以使决策者关注与国民经济发展相关的关键问题和优先发展领域，同时也使决策者掌握这些问题的状态和进展情况。二是引导政策制定者和决策者以发展为目标或原则办事。各项政策相互协调，保证不偏离国民经济和社会发展的正常轨道，促进社会各界对国民经济发展的相关计划和行动的共同理解，并采取比较一致的积极态度和行动。信息反馈使政策制定者和决策者及时地评估政策的正确性和有效性，进而对政策加以改进或调整，决策者和管理者可以预测和掌握国民经济的发展态势，有针对性地进行政策调控或系统结构的调整。三是指标体系是评价经济发展的核心和关键环节。指标体系涵盖是否全面、层次结构是否清晰合理，直接关系到评估质量的好坏。作为计划或规划内容载体的指标，也随着发展目标和战略任务的变化而不断调整和丰富，以客观和科学地反映经济社会发展的实际需要。近年来，国民经济和社会发展指标体系主要包括国民经济总量、生产活动、消费活动、固定资产投资、国际贸易与收支、财政、货币、资本市场、人口、民生、基础设施状况、教科文卫、资源与环境等十三大类。

2. 围填海规划与计划

2010 年起，围填海计划纳入国民经济与社会发展计划体系，属于国家计划中的行业计划或专项计划。同时，围填海计划也在围填海规划计划体系中发挥着承上启下的重要衔接作用，既是对海洋主体功能区规划、海洋功能区划等战略规划中围填海目标的分解落地，同时也是区域用海规划等微观、具体规划审核的重要约束条件。

（二）计划与市场的关系

1. 国家干预与市场调节

计划和市场是资源配置的两种基本形式。计划由政府制订，即所谓的政府干预。两者在资源配置的主体、出发点、依据、信息传递方式、内在动力、产生结果等种种方面都存在显著差异。社会经济发展实践表明，市场是配置资源的一种有效形式，但存在着很多缺陷，这使得政府干预成为一种必要。同样，政府干预也存在很多缺陷，是对市场配置的一种补充。

政府干预与市场调节的结合一般出现在"三条件约束"的前提下，即：一是资源紧约束。衡量一国资源约束的松紧状况，可以使用人均可用资源占有量这类指标。二是资源低效率。衡量资源效率水平的指标大致有单位土地的农作物产出量、能源消耗系数、劳动生产率、全要素生产率等。如果一国所有的这些指标偏低，那么该国即可算为资源效率低的国家。三是消费规模不可逆。是指一国的实物消费总量只能有所提高不能持续下降。一般来说，消费规模不可逆对所有国家都具有约束性，发展中国家更为严重。

政府干预与市场调节的结合方式主要有两种。一种是板块结合方式。是指对国民经济的各个部门（或行业）采用区别对待的调节方式，即在一部分经济部门中实行全面和严格的国家干预，而把其他经济部门交由市场去调节。从现阶段各国的实际情形来看，在相当大的一部分国家中，军事工业、航空航天、大规模能源开发、基本原材料的生产和基础研究等部门由政府实行宏观调控。另一种是政府干预对市场调节的间接调控。在板块结合的二元机制中，除了政府干预之外，非政府干预板块也会受到政府干预的管理和影响。非政府干预的这一块虽然以市场调节为基本运行机制，但其运行过程是受到国家总体发展计划调控的。调控的方式是间接的和具有指导性的。政府间接干预与板块结合不是国家实现政府干预与市场调节相结合的不同方式，而应理解为一个国家内必然被同时采用的两种相互补充的方式。这两种方式本身的有机相互配合，既是经济发展中二元机制正常运行的必备条件，也是政府干预与市场调节这两种调节功能的优点都得以充分发挥的良好模式。

2. 围填海资源的国家管控与市场化配置

我国关于海域使用权（包含围填海项目海域使用权）市场化配置的立法主要表现在两部法律所确立的海域物权制度。一是《海域使用管理法》，该法规定了海域属于国家，明确了海域资源可以通过招标、拍卖等市场方式配置，将海域资源的使用权授予公开竞争的优胜者；二是《物权法》，该法以民事基本法的形式确立了海域物权制度，在"所有权编"规定了海域使用属于国家所有，在"用益物权编"规定了依法取得的海域使用权受法律保护。《物权法》对海域使用权属于用益物权性质的确立，表明海域使用权是一种典型的用益物权，与建设用地使用权性质相同，海域使用权配置、流转可以使用用益物权的规则。

2007 年以来，沿海各地以深化海域使用权流转形式为突破口，逐步完善海域使用权流转的市场化运作方式，在招标、拍卖、出让等管理方式上做了一些新的探索。众多沿海地区实行"阳光配置"，提高透明度，坚持资源效益最大化原则，逐步建立完善适合社会市场经济体制要求的海域使用权市场配置体系。同时，一些地方出台了符合当地具体情况的海域使用权流转的专门性政府规章，主要有《日照市海域使用权招标拍卖挂牌出让实施办法》（政府令28号）、《威海市招标拍卖挂牌出让海域使用权办法》（威政办发〔2012〕81号）、《浙江省招标拍卖挂牌出让海域使用权管理办法》（浙海渔管〔2011〕7号）、《福建省招标拍卖挂牌出让海域使用权办法》（闽海渔〔2013〕145号）、《莆田市海域使用权转让出租管理暂行规定》（莆政办〔2009〕123号）、《北海市海域使用权出让转让管理暂行规定》（北政发〔2003〕24号）、《钦州市海域使用权招标拍卖挂牌出让暂行办法》（钦政办〔2012〕99号）、《海口市海域使用权招标拍卖挂牌出让管理暂行办法》（海府〔2008〕32号）等。这些地方性文件对参与海域使用权招拍挂的实施主体、招拍挂条件、招拍挂程序、招拍挂价格、违约责任等重要问题进行了规范。

通过招标、拍卖和挂牌等市场化方式配置海域使用权，在更好地体现海域使用权的价值、保证资源配置的公正性、提高海域使用效率、防止腐败减少暗箱操作等方面具有相当的优势。然而国家重大项目用海、公益性用海、特殊用海或者按照国家政策需要进行支持的地方或者产业用海，采用申请审批的方式配置海域使用权，也仍然具有相当重要的现实意义。

计划和市场是围填海资源配置的两种手段，两者的作用、运行机制、使用范围均不相同，两者互为补充。围填海计划是宏观层面配置年度围填海总规模，并不直接配置给具体用海申请人，而市场则是在微观层面配置资源。在社会主义市场经济体制下，市场是计划的基础。围填海计划也应做好与围填海资源市场配置的衔接，并促进市场更好地发挥资源配置的基础性作用。

（三）国家、省市和区域围填海计划的关系

在围填海管理领域，我国在全国层面并未出台专门的、有针对性的围填海规划，但海洋主体功能区规划、海洋功能区划等基础性、战略性规划均将围填海作为一种重要的用海行为加以布局和规范。类似于国家规划与计划体系，围填海规划与计划也并未完全割裂，而是共同构成层次分明、各有侧重、协调统一、环环相扣，较为完善的围填海规划计划体系。

1. 宏观层面——总体性、长期性的围填海战略

围填海规划计划体系在宏观层面的任务是确定全国围填海总体战略，划定重点围填海区域，明确整体功能定位，确定围填海总量的控制数额，作为围填海开发的政策性引导。

海洋主体功能区规划是主体功能区规划的重要组成部分，是推进形成海洋主体功能区布局的基本依据，是海洋空间开发的基础性和约束性规划。海洋主体功能区规划基于不同海域的资源环境承载能力、现有开发强度和未来发展潜力，以是否适宜或如

何进行高强度集中开发为基准划分为优化开发区域、重点开发区域、限制开发区域和禁止开发区域四类。围填海活动应主要集中于重点开发区域和优化开发区域。其中，重点开发区域包括城镇建设用海区、港口和临港产业用海区、海洋工程和资源开发区，其管理要求是实施据点式集约开发，严格控制开发活动规模和范围，实施围填海总量控制，科学选择围填海位置和方式，严格围填海监管；优化开发区域对于围填海的管理要求是优化近岸海域空间布局，合理调整海域开发规模和时序，控制开发强度，严格实施围填海总量控制制度。

全国海洋功能区划是我国海洋空间开发、控制和综合管理的整体性、基础性、约束性文件，是编制地方各级海洋功能区划及各级各类涉海政策、规划，开展海域管理、海洋环境保护等海洋管理工作的重要依据。海洋功能区划是为海洋综合管理建立一种行为规范，用于具体指导海洋开发活动，而不是直接面向海洋发展战略等宏观问题。海洋功能区划的编制从理论上来讲应以海洋主体功能区划为依据和基础，但是海洋功能区划具有先行性，在实际操作中两者仍需要深入衔接。新一轮的海洋功能区划划分了农渔业、港口航运、工业与城镇用海、矿产与能源、旅游休闲娱乐、海洋保护、特殊利用、保留等八类海洋功能区，撤销了原有的"围海造地区"，但明确提出了至2020年围填海规模控制要求，并对功能区的用海方式管控提出了更为严格的要求。

围填海总量控制是海洋主体功能区规划和海洋功能区划中均明确提出的专门针对围填海管理的约束性指标。其中，全国海洋功能区划（2011—2020年）提出至2020年全国建设用围填海面积控制在24.69万公顷以内。上述10年规划期内的建设用围填海总量控制指标也是制定围填海计划指标的基础依据。

2. 中观层面——地区性、阶段性的围填海规划与计划

在中观层面上的任务主要是在围填海总体战略的指导下，在省域范围内对围填海总量、布局、管控措施、年度计划等进行的系统性分解细化。

省级海洋功能区划是海洋功能区划体系的重要组成部分，是对全国海洋功能区划的细化和落实。省级海洋功能区划中明确了各省（自治区、直辖市）在规划期内围填海规模控制的量化指标，且围填海规模控制指标不分解到市县。省级海洋功能区划中科学确定了区划范围内围填海的开发规模和空间布局，是海域管理落实和参与国家宏观调控的重要杠杆。

海岸保护与利用规划是省级海洋功能区划的配套落实。近岸是围填海开发利用活动最为活跃的区域，通过确定海岸基本功能、开发利用方向和保护要求，有助于进一步规范海岸开发秩序，调控海岸开发的规模和强度。海岸保护与利用规划一般以省为单位编制，不再设置市县级规划。海岸保护与利用规划根据毗邻海域海洋功能区划、海岸开发利用现状和重点用海需求情况等，将岸段基本功能划分为建设岸段、港口岸段、围垦岸段、渔业岸段、盐业岸段、旅游岸段、保护岸段、多用岸段和其他岸段等九大类，并提出了各岸段的保护级别和保护措施。

围填海年度计划是调控围填海规模和节奏的重要手段，也是政府履行宏观调控、经济调节、公共服务职责的有效工具。围填海活动必须纳入围填海计划管理，围填海

计划指标实行指令性管理，不得擅自突破。海洋功能区划的规划布局及其确定的建设用围填海规模控制指标等，都为年度围填海计划指标编制提供了重要依据。

3. 微观层面——一定时期内特定海域的开发布局和计划安排

在微观层面上的任务主要是对局部需要连片开发的围填海区域或项目进行的规划布局、平面设计、实施计划等，设计具体详细的规划方案。

区域建设用海规划是地方人民政府为科学配置和有效利用海域资源，对一定时期内需要连片开发的特定海域进行的用海总体布局和计划安排，主要用于发展临海工业、港口开发、滨海旅游和滨海城镇建设。区域建设用海规划原则上不超过 10 平方千米，规划期限为 5 年，实行整体规划、整体论证、整体审批。规划中应明确区域的功能定位、发展方向、空间结构和功能分区，并将规划的平面形态设计和生态功能设计作为重点。平面设计要体现保护自然岸线、离岸、多区块的设计思路，减少对水动力条件和冲淤环境的改变；填海造地形成的新岸线要体现自然化、生态化、绿植化；规划设计生态廊道系统，安排一定比例的空间建设人工生态湿地和水系。规划确定的填海规模必须具备围填海计划指标安排条件，并需明确规划实施期间的年度安排计划。

二、围填海计划的定位和作用

（一）围填海计划的定位

在《关于加强围填海规划计划管理的通知》和《围填海计划管理办法》中，明确了围填海计划的定位主要体现在三个方面。即：

1. 围填海计划是国民经济和社会发展计划体系的重要组成部分；

2. 围填海计划是政府履行宏观调控、经济调节、公共服务职责的重要依据；

3. 实施围填海年度计划管理，是切实增强围填海对国民经济保障能力、提高海域使用效率、确保落实海洋功能区划、拓展宏观调控手段的具体措施。

（二）围填海计划的作用

1. 海洋经济宏观调控的重要手段

宏观调控一般是指通过财政金融政策、收入分配政策和产业区域政策等对国民经济宏观运行进行预期性或即期性的调节和控制，其目的是要保证经济稳定增长、收入公平分配及产业结构协调均衡。宏观调控是政府在宏观经济领域的经济职能，也是现代市场经济条件下国家干预经济的特定方式。2003 年起中国经济出现了新一轮扩张，政府为抑制经济过热，出台了一系列宏观调控政策，并将土地政策提到与货币政策相同的地位，土地阀门与信贷阀门相提并论，地根和银根相提并论。填海资源既是公共资源，也是国有资产，是新增国有建设用地的一种重要途径，是海洋经济发展的物质基础，在全面建设小康社会、促进沿海地区经济社会发展方面占有重要地位。围填海计划从经济社会可持续发展的角度出发，对有限的填海资源进行合理有序的配置，从而使政府更好地履行宏观调控、经济调节、公共服务职责。

2. 海域公共资源管理的有力工具

公共资源是指自然生成或自然存在的资源，它能为人类提供生存、发展、享受的自然物质与自然条件，这些资源的所有权由全体社会成员共同享有，是人类社会经济发展共同所有的基础条件。公共资源管理的核心目标是避免公共资源过度使用，避免"公地悲剧"重演，实现公共资源可持续利用。海洋资源，特别是滩涂、浅海资源是具备稀缺性和战略性的公共资源，严重改变其自然属性的围填海开发活动具有极大的社会成本。没有有效的公共政策加以约束，往往会在追求自身收益最大化目标的带动下，推动海域资源的过度围填，造成沿海自然岸线的消失、滩涂资源和滨海湿地的萎缩、生物多样性的降低、海水动力系统受到影响、海洋灾害风险加大等一系列的公共问题。围填海计划管理从海域资源禀赋条件、生态环境状况和经济社会发展需求等多个方面出发，以行政命令和市场管制的形式，对海域公共资源加以配置和管理，从而将国家战略、政府意图和公共利益具体化，实现社会、经济、环境效益最大化和确保海域资源可持续利用。

3. 围填海总量控制的有效闸门

围填海是一把双刃剑，一方面围填海为沿海地区经济社会发展提供了载体，成为沿海地区产业结构调整的促进力量；另一方面围填海严重改变海域属性，如不对围填海总量实施有效调控极易引发海域生态和环境灾难。控制围填海总量是围填海计划管理的一个主要目标，"总量是龙头，计划是闸门"。围填海计划管理保证了宏观层面的总量控制与微观层面的项目管理有效衔接。通过对各级行政区域围填海计划指标的制定和分解下达，合理引导围填海的区域空间布局；通过确定分区域年度围填海总量和管理措施，有效调节围填海的规模和节奏；通过项目立项审批程序中的海域使用审查前置等，加强了对建设项目用海审查和乱占滥用海域的监管，确保了国家投资政策和产业政策的实施。从而，使围填海计划管理在围填海资源供应中发挥重要的杠杆作用，真正体现围填海"闸门"作用。

三、围填海计划指标

围填海计划指标是实施围填海计划管理的核心，可按照指标用途和指标级别进行分类管理。《围填海计划管理办法》中明确规定，围填海活动必须纳入围填海计划管理，围填海计划指标实行指令性管理，不得擅自突破。

（一）按指标用途分类

按照用途，围填海计划指标分为建设用围填海指标和农业用围填海计划指标。

1. 建设用围填海指标

建设用围填海包括建设填海造地和废弃物处置填海造地，是指通过筑堤围割海域，填成土地后用于建设的海域，重点用于支持国家和地方重点建设项目及国家产业政策鼓励类项目。

2. 农业用围填海计划指标

农业用围填海是指通过筑堤围割海域，填成土地后用于农业生产的海域，重点用于保障农林牧业的发展，不包含围填养殖用海。

建设用和农业用围填海计划指标，彼此独立，两者不可混用。

（二）按指标级别分类

按照级别，围填海计划指标分为中央围填海计划和地方围填海计划指标。

1. 中央围填海计划指标

是指国务院及国务院有关部门审批、核准涉海工程建设项目的年度围填海控制规模。中央围填海计划指标中包含用于补充地方的调剂指标。

2. 地方围填海计划指标

是指省及省以下（含计划单列市）审批、核准、备案的涉海工程建设项目的年度围填海控制规模。

四、围填海计划管理的流程

围填海计划实行统一编制、分级管理，国家发展改革委和国家海洋局负责全国围填海计划的编制和管理。沿海各省（自治区、直辖市）发展改革部门和海洋行政主管部门负责本级行政区域围填海计划指标建议的编报和围填海计划管理。

（一）围填海计划编报

1. 指标编制的基本原则

围填海计划指标编制的基本原则是适度从紧、集约利用、保护生态、海陆统筹。其基本目标是既能有效遏制局部海域围填海速度快、面积大、范围广的不良现象，同时又可以加大对国家重点基础设施、产业政策鼓励发展项目、民生领域用海需求等的保证力度，在满足经济社会发展需求，推进沿海发展战略落实部署的基础上，有效促进海域资源的科学合理和集约节约利用。

2. 指标编制的基本流程

围填海计划指标实行统一编制，即国家发展改革委和国家海洋局负责全国围填海计划的编制和管理，同时在计划指标编制中充分征求和吸纳地方有关管理部门的意见与建议。

年度围填海计划指标编制的基本流程如下：

（1）沿海各省、自治区、直辖市人民政府海洋行政主管部门会同同级发展改革部门依据海洋功能区划、海域资源特点、生态环境现状、经济社会发展需求等，编报本级行政区域的围填海（包括建设用围填海和农业用围填海）计划指标建议；

（2）国家海洋局根据国家宏观调控的总体要求和历年实际围填海情况，在各地区上报的围填海计划指标建议的基础上提出全国围填海计划指标和分省方案建议并上报国家发展改革委；国家发展改革委根据国家宏观调控的总体要求，经综合平衡后形成围填海计划指标并按程序将其纳入国民经济和社会发展年度计划。

（3）国民经济和社会发展年度计划草案经全国人民代表大会审议通过后，国家发展改革委向国家海洋局和沿海各省、自治区、直辖市人民政府发展改革部门正式下达本年度的全国围填海计划。

（二）围填海计划下达与调剂

经审议后的年度围填海计划指标，分为中央和地方年度计划指标分别下达。其中，地方指标仅下达到十一个沿海省、自治区、直辖市，五个沿海计划单列市的年度计划指标单列。省级以下不再向下分解指标。

地方年度围填海计划指标确实无法满足地方重点项目建设需求的，可以提出追加指标的申请，从中央年度指标中进行适当的调剂。指标调剂的基本程序是：由省、自治区、直辖市人民政府海洋行政主管部门会同同级发展改革部门联合提出追加指标申请，经国家发展改革委和国家海洋局审核确有必要的，从中央年度围填海计划指标中适当调剂安排。追加指标由国家发展改革委会同国家海洋局联合下达。

（三）围填海计划执行

围填海计划是填海造地综合管控的重要手段，同时也是填海造地项目审批中重要的前置环节。为了更好地发挥围填海计划参与国家宏观调控、经济调节的作用，围填海计划管理设置了指标安排与核减两项核心的管理程序。项目立项前，需要进行围填海计划指标的安排，没有纳入指标安排的项目，一律不得审批。项目用海批准后对相应的围填海计划指标进行核减，确保计划指标落到实处。

1. 围填海计划指标安排

年度累计安排围填海计划指标额度，为年度计划指标使用的规模，不得超过年度围填海下达指标。计划年度内未安排使用的围填海计划指标作废，不得跨年度转用。

计划指标安排的审核管理程序如下：

实行审批制和核准制的涉海工程建设项目，在向发展改革等项目审批、核准部门报送可行性研究报告、项目申请报告时，应当附同级人民政府海洋行政主管部门对其海域使用申请的预审意见，预审意见应明确安排计划指标的相应额度；省以下（含计划单列市）人民政府海洋行政主管部门出具用海预审意见前，应当取得省、自治区、直辖市人民政府海洋行政主管部门安排围填海计划指标及相应额度的意见。

实行备案制的涉海工程建设项目，必须首先向发展改革等项目备案管理部门办理备案手续，备案后，向海洋行政主管部门提出用海申请，取得省、自治区、直辖市人民政府海洋行政主管部门围填海计划指标安排意见后，办理用海审批手续。

2. 围填海计划指标核减

涉海工程建设项目一经批准应予以核减。核减指标为预审安排年度的计划指标，核减指标数以实际批准的围填海面积为准。

计划指标核减的审核管理程序如下：

国务院及国务院有关部门审批、核准的涉海工程建设项目，项目用海经国务院批准后，由国家海洋局负责在中央年度围填海计划指标中予以相应核减。省及省以下（含计划单列市）有关部门审批、核准、备案的涉海工程建设项目，项目用海经国务院或省级人民政府批准后，由省级人民政府海洋行政主管部门负责在地方年度围填海计划指标中予以相应核减。

（四）监督管理

1. 围填海计划台账管理

《围填海计划管理办法》明确提出"国家海洋局和沿海各省（自治区、直辖市）海洋行政主管部门应当建立围填海计划台账管理制度，对围填海计划指标使用情况进行及时登记和统计"。按照办法要求，建立国家和省（含计划单列市）两级的围填海计划台账管理系统。系统依托海域动态监视监测系统专线网络，实现对计划指标下达、安排、核减等过程进行动态管理与实时统计，动态生成年度围填海项目安排、核减登记台账，分时段统计中央和各省、自治区、直辖市（含计划单列市）围填海计划执行情况，将围填海计划管理与海域使用申请审批业务流程等进行有机衔接，从而实现围填海项目管理流程一体化，保证国家及时掌握各地围填海项目审批管理情况，为围填海年度指标建议的编报与调剂，以及围填海管理政策的研究制定提供数据支撑。

2. 围填海计划考核监督

国家利用围填海计划台账管理、计划执行情况评估考核与执法检查等手段，对围填海计划管理制度的落实情况和年度围填海计划指标的使用情况进行监督管理。目前，已经建立了国家与省（自治区、直辖市）联通的围填海计划管理平台和围填海计划指标使用情况统计报送制度，对围填海计划指标安排与核减等过程进行动态监督与统计分析。依据围填海实际情况对地方年度围填海计划指标的执行情况进行评估和考核，并作为下一年度计划编制和管理的依据。

对于总量突破、超指标使用、擅自改变用途范围等的违法违规行为采取严格的管理措施。对地方围填海实际面积超过当年下达计划指标的，按照"超一扣五"的比例，扣减该省、自治区、直辖市下一年度的计划指标。对于超计划指标擅自批准围填海的，国家海洋局将暂停该省、自治区、直辖市的区域用海规划和建设项目用海的受理和审查工作。

第三节 我国围填海管理的发展历程

新中国成立以来，我国围填海管理经历了政策从无到有、目标从单一到多元、态度从鼓励支持到管理控制的转变，一系列政策措施的出台和细化推动我国围填海管理逐步走向科学化、合理化。我国围填海管理大体可划分为三个阶段。

一、新中国成立初期至20世纪70年代末：国家鼓励大力扶植阶段

20世纪50年代，国家提出"以粮为纲"的基本国策，在陆域耕地不足、海域尚未开发的情况下，为了解决粮食问题，围海造田成为当时的必然选择。这一时期，除群众自发的小规模围填海项目之外，国家用"以工代赈"的方式，组织群众围垦海涂，用于群众日常生产。由地方政府、乡、镇集体兴建的围海工程，则主要组织农民投资，国家对钢材、木材、水泥等主要建筑材料和设备的费用以及农民出工，给予程度不同的补助。进入20世纪60年代以后，我国人多地少的矛盾更为突出，对围填海造地的呼声越发高涨，但广大群众空有劳力而缺乏财力。针对这种情况，国家决定对围海工程采取积极扶植的政策，由国家提供围海费用的大部分，无偿支持县和当时的人民公社、大队集体进行围海。所围土地基本上全部作为全民所有的农、牧、林场。土地使用权划到社队后，均归社队集体使用，国家投资只是无偿使用。对新围新种土地，国家在税收上实行优惠政策，若干年内实行减免税。

二、20世纪80年代至90年代：国家支持市场化行为萌发阶段

1978年我国实行改革开放政策以后，开始推行社会主义市场经济体制。国家继续扶持围填海发展，但由原来的无偿支持逐渐向无偿与有偿相结合转变，国家除继续无偿支持一部分资金以外，还用低息贷款等有偿形式支持围海。20世纪80年代中期以来，国家对外开放、对内搞活的政策日渐深化，使围填海造地工程在组织方式、投资来源、开发利用和收益分配方面发生了一系列变化。在组织方式上，除部分继续由乡镇集体围垦外，还成立了专业的围海公司，或由政府、地方、企事业单位等组织成围涂开发联合体进行围垦。在投资上，虽然国家对围填海造地工程的无偿投入减少了，但开拓了多种有偿形式的集资来源，如国家银行的低息贷款，世界银行贷款，国有土地改为有偿使用后所取得的占地补偿费、造地费等。在开发利用上，除谁围、谁有、谁使用的传统模式外，一部分围海土地不再由投资者直接经营，而以某种方式转移给他人使用，投资者从中获利。国家推出的这些灵活的集资和偿还政策，大大扩展了围海的资金来源，对围海工程的建设起到了极大的推动作用。

与此同时，这一时期国家开始关注与围填海相伴而生的海洋环境问题。1982年《海洋环境保护法》颁布实施，其第二章"防治海岸工程对海洋环境的污染损害"中，指出"对围海造地或其他围海工程，以及采挖砂石，应当严格控制，确需进行的，必须在调查研究和经济效果对比的基础上，提出工程的环境影响报告书，报省、自治区、直辖市环境保护部门审批，大型围海工程必须报国务院环境保护部门审批"。但围填海相关的环境保护措施还仅仅处于萌芽时期，相应的配套措施仍非常少，在管理实践中往往被忽视。

三、20世纪90年代至21世纪初：由支持鼓励向管理控制转变阶段

这一阶段，我国海洋产业快速发展，各地投资围填海造地积极性很高，投资用海

活动也越来越多。但同时，因机构设置等原因，海域使用管理较为混乱。由于海域法未出台，虽然国家和省对海域的使用和管理出台了一些规定，但多头管理的现象严重，上至国务院，下到乡镇政府都能审批围填海项目，水利、交通、农业等部门也能审批围填海项目，部分地区甚至未经审批即进行围填海，这直接造成了围填海活动无法可依，无序可循。1991 年，这一情况引起了国家海洋局的高度重视，以此为契机，颁布实行海域使用许可证制度和海域有偿使用制度。1993 年经国务院授权财政部和国家海洋局联合颁布《国家海域使用管理暂行规定》，国家进一步加强了对围填海的管理，建立了海域权属管理制度和海域有偿使用制度。

2001 年 10 月 27 日第九届全国人民代表大会常务委员会第二十四次会议通过了《中华人民共和国海域使用管理法》，并于 2002 年 1 月 1 日起执行。这是国家对围填海由"支持鼓励政策"转变为"管控政策"的重要标志性法律。以此为起点，国家颁布了一系列的围填海政策，控制围填海的发展速度及规模，促使围填海向科学化、合理化发展轨道迈进。

四、21 世纪以来：围填海管理政策体系逐步建立完善阶段

进入 21 世纪以来，我国围填海管理逐步趋于理性和成熟，建立起以"区划统筹、规划引导、计划调节、科学论证、严格审批、强化监管"为主线的较为完备的围填海政策管理体系，围填海管理的规范化、科学化、法制化程度有了极大的提升。

（一）"区划统筹"：遏制围填海总量发展过快趋势，实现海洋资源可持续利用

海洋功能区划制度是《海域使用管理法》和《海洋环境保护法》两部法律共同确立的一项基本制度，也是开展围填海管理的基本依据。《全国海洋功能区划（2011—2020 年）》于 2012 年 3 月经国务院批准正式实施，这是继 2002 年 8 月国务院批准的《全国海洋功能区划》实施期满后，我国推出的新一轮全国海洋功能区划，是我国海洋空间开发、控制和综合管理的整体性、基础性、约束性文件，对我国管辖海域至 2020 年的开发利用和环境保护做出了全面部署和安排。本轮区划也对围填海管理提出了更加严格的要求。

全国海洋功能区划在目标中明确提出："合理控制围填海规模：严格实施围填海年度计划制度，遏制围填海增长过快的趋势。围填海控制面积符合国民经济宏观调控总体要求和海洋生态环境承载能力。"省级海洋功能区划中将区划期限内的围填海规模作为控制性指标，进一步进行分解和量化，到 2020 年全国沿海建设用围填海总规模应控制在 24.725 万公顷内。同时，本轮区划还进一步加强了功能管控方面的要求。比如：针对渤海海域存在的海水交换能力差、开发利用强度大、环境污染和水生生物资源衰竭严重等问题，区划提出了实施最严格的围填海管理与控制政策和最严格的环境保护政策，严格控制新建高污染、高能耗、高生态风险和资源消耗型项目用海。细化了功能区的管理要求，海洋功能区划登记表中具体明确了每个功能区的用途管制要求、用海方式控制要求和海域整治要求，这种"宽口径、高门槛"的管控理念充分考虑了海

13

洋资源价值的多样性和海洋环境的敏感性特点，将围填海控制规模落实到具体的功能分区中，有助于对海洋开发与保护活动施以更加科学、具体的指导。

（二）"规划引导"：逐步实现节约集约用海目标，降低填海造地对环境影响

海域规划体系主要包括海岸保护与利用规划、区域建设用海规划和区域农业用海规划等。海岸保护与利用规划是海洋功能区划的一个配套制度，其作用在于对海洋功能区划规定的海岸部分做进一步的量化和具体化，通过科学确定海岸的基本功能，逐步完善以海岸基本功能管制为核心的管理机制。2009年国家海洋局印发《关于开展海岸保护与利用规划编制工作的通知》（国海管字〔2009〕97号），部分省市据此开展了海岸保护与利用规划的编制与报批工作；2006年，为引导用海项目向区域用海规划的海域集聚，适应其时国家宏观经济政策，国家海洋局先后印发了《关于加强区域建设用海管理工作的若干意见》、《关于加强区域农业围垦用海管理的若干意见》等政策性文件，对面积不少于50公顷、在同一围填海形成的区域内建设多个建设项目的情况建立了区域用海规划制度。据统计，截至2015年年底，国家批复区域建设用海规划项目总计79个，共计规划填海面积11.2万公顷。

为进一步加强区域建设用海规划编制实施管理，促进海域资源集约节约利用，推进海洋生态文明建设，2016年1月国家海洋局印发《区域建设用海规划管理办法（试行）》，原《关于加强区域建设用海管理工作的若干意见》同时废止。与原文件相比，《区域建设用海规划管理办法》明确提出"经批准的规划内所有用海活动要依法取得海域使用权后方可实施。要合理安排开发时序，节约集约利用海域资源，严禁圈占和闲置海域。"同时，深入落实了海洋生态文明建设的相关要求。提出要优化平面设计方案，综合考虑区域自然条件适宜性和规划实施的经济性，体现保护自然岸线，离岸、多区块的设计思路，减少对水动力条件和冲淤环境的改变；合理布局生产、生活、生态空间，规划新形成的岸线与建设项目之间应留出一定宽度的生态、生活空间，并向公众开放，必须临水布置项目或需要实施岸线安全隔离的除外；规划实施应结合海域整治修复，填海造地形成的新岸线应自然化、生态化、绿植化。

（三）"计划调节"：优先保障基础设施民生建设，维护渔民和沿海居民权益

从2010年开始，围填海正式纳入国民经济和社会发展计划，实行年度总量控制管理。围填海年度计划指标总量在充分考虑国家宏观调控的总体要求和沿海地区围填海需求、海域资源禀赋等实际情况的基础上，按照适度从紧、集约利用、保护生态、海陆统筹的原则安排确定。围填海计划指标优先保障基础设施、民生建设等重点项目及其他符合产业政策项目的用海。如2006—2014年，在已批准的区域建设用海规划里确权了约5.28万公顷的填海海域，其中经营性3.55万公顷，约占规划确权总面积的三分之二，其余接近三分之一的填海面积是用来安排基础渔业设施、海岸景观、公益基础设施等非经营性项目，用以保障渔民的传统利益和改善沿海居民的生活环境。

（四）"科学论证"：科学选择最合理选址和布局，提高各项资源综合利用率

海域使用论证是各级海洋行政主管部门在海域使用审批工作中科学决策的重要技术依据。填海造地作为一种严重改变海域自然属性的用海方式，其海域使用论证的要求更加严格和细致。其中，冶金、石化、造纸、火电、核电等建设填海造地用海和废弃物填海造地，不论用海规模大小，均属于一级论证等级；其他建设填海造地用海、农业填海造地填海造地面积大于 10 公顷也属于一级论证。

通过海域使用论证，对项目选址、水动力和冲淤变化影响、平面设计方案、用海规模和围填方式等进行多方案比选，切实控制选址不合理、用海规模过大、滥用岸线资源、严重破坏环境的围填海项目，实现科学用海，充分发挥海域资源的整体效益。为了保护稀缺的海岸线、海湾和近岸资源，有效解决开发利用过程中存在的简单、粗放等问题，2008 年国家海洋局印发了《关于改进围填海造地工程平面设计的若干意见》，要求转变围填海理念，更新围填海方式，鼓励结合项目建设要求和岸线自然情况，推行人工岛式、多突堤式和区块组团式围填海，尽可能保护自然岸线，延长人工岸线，提升景观效果，减少对海洋生态环境的影响。例如，天津市管理海岸线长度为 153 千米，实施滨海新区建设战略以来，通过采用人工岛式和多突堤式等方式围填海，目前天津市岸线长度达到 301 千米，增长了近 1 倍，而且其中很多岸线是景观岸线。这些填海通过合理选址和布局，不仅解决了高速发展带来的土地资源匮乏的困难，还有效地延长了人工岸线资源的长度，提升了周边环境的景观效果。

（五）"严格审批"：实施建设项目用海项目预审，创新海域资源管理新机制

《海域使用管理法》及其配套制度的颁布实施，明确了国务院和地方各级人民政府项目用海的审批权和相应的审批管理要求，完全改变海域自然属性的项目用海由国务院和省级人民政府审批，其中填海 50 公顷以上的项目用海由国务院审批。依据《海域使用管理法》和《国务院办公厅关于沿海省、自治区、直辖市审批项目用海有关问题的通知》等文件的规定，各省、自治区、直辖市人民政府不得下放围填海项目审批权，各级政府严禁规避法定审批权限，将单个围填海项目化整为零、分散审批。同时严格执行建设项目用海预审制度。涉海建设项目在向审批、核准部门申报项目可行性研究报告或项目申请报告前，应向海洋行政主管部门提出海域使用申请。海洋行政主管部门主要依据海洋功能区划、海域使用论证报告、专家评审意见及项目用海的审核程序进行预审，并出具用海预审意见。用海预审意见是审批建设项目可行性研究报告或核准项目申请报告的必要文件，凡未通过用海预审的涉海建设项目，各级投资主管部门不予审批、核准。

（六）"强化监管"：及时发现违法违规填海项目，逐步杜绝违法违规围填海

国务院和地方各级人民政府海洋行政主管部门及其所属的执法队伍，依据有关法律法规严格开展围填海项目的监督检查。对未经批准或者擅自改变用途和范围进行围

填海的违法违规行为要严肃查处，依法强制收回非法占用的海域，对造成生态环境严重破坏的责令其恢复原状，不得以罚款取代；对拒不执行处罚决定的，要申请人民法院强制执行。同时，充分利用海域使用动态监视监测系统，逐步实现从现场检查、实地取证为主转为遥感监测、远程取证为主，从人工分析、事后处理为主转为计算机分析、主动预警为主，提高发现违法违规开发问题的反应能力及精确度。据不完全统计，我国针对每个围填海项目平均每年检查 2.83 次，查处违法项目的比例为 17.34%，处罚违法项目比例为 9.89%，都要普遍高于同期我国海洋行政执法比例，体现了国家针对围填海监管和处罚的力度和决心。

第四节　我国围填海开发利用总体情况

《海域使用管理法》的颁布实施，是我国围填海管理逐步从"无序、无度、无偿"走向了"有法可依、有章可循"的重要标志。随着围填海管理政策体系的不断完善，围填海管理的成效也日趋明显。2002 年起，我国实施海域使用统计制度，围填海实施情况统计是其中的重要类目。从统计数据来看，围填海开发利用活动在实施节奏、空间布局和使用方向等方面都体现出明显的时代特征和向好趋势。

一、围填海年度演变情况

据历年度《海域使用管理公报》，2002 年至 2015 年我国依法取得海域使用权的填海造地确权面积累计为 14.49 万公顷，占确权总用海面积的 4.36%，年均确权填海造地面积 1.04 万公顷。

《海域使用管理法》实施至 2015 年大致历经三个五年计划，不同时期的围填海活动也呈现不同特征。2002 年至 2005 年，全国填海造地面积总量较小，增长势头迅猛，四年间年度规模翻两番。2002 年全国确权填海造地面积为 2 033 公顷，2003 年为 2 123 公顷，2004 年达 5 352 公顷，2005 年快速突破万公顷。"十一五"期间为我国围填海的高峰期，全国累计确权填海造地面积 67 207 公顷，年均确权面积 13 441 公顷，填海造地确权面积连续 5 年超过 11 000 公顷，是前四年均值的 2.5 倍。其中，2009 年为《海域使用管理法》实施至 2015 年间填海造地规模最大的一年，全国填海造地确权面积高达 17 888 公顷，比上一年度增加 62%。"十二五"期间，围填海总量和增幅均呈现平稳回落趋势。"十二五"全国累计确权填海造地面积 56 566 公顷，年均确权面积 11 313 公顷，比"十一五"期间回落 15.83%。如图 1-1 所示。

二、围填海区域分布情况

据《海域使用管理公报》和国家海域动态监视监测系统统计，2003 年至 2015 年环渤海及周边地区（辽宁、河北、天津、山东 4 省市）填海造地 6.33 万公顷，占

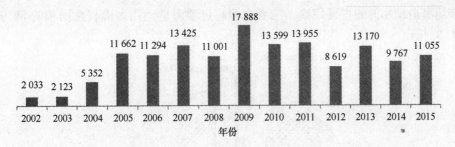

图1-1 《海域使用管理法》实施以来我国填海造地确权情况（单位：公顷）

42.43%；长三角及周边地区（江苏、上海、浙江两省一市）填海造地4.41万公顷，占29.56%；海峡西岸（福建省）填海造地2.25万公顷，占15.08%；珠三角地区（广东省）填海造地0.81万公顷，占5.43%；北部湾及周边地区（广西壮族自治区、海南省）填海造地1.12万公顷，占7.51%。如图1-2所示。在11个沿海省（自治区、直辖市）中，福建省、江苏省、浙江省、辽宁省、山东省、天津市和河北省等省市填海造地面积较大，比例分别为15.08%、14.97%、14.60%、13.94%、9.72%、9.63%和9.15%。

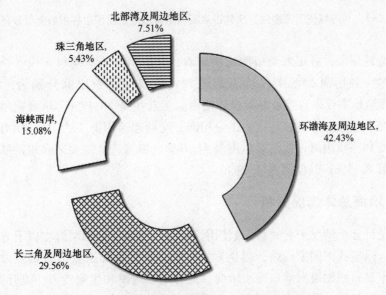

图1-2 《海域使用管理法》实施以来我国重点
区域填海造地面积分布情况

三、围填海用途分类情况

按照国家海洋局于2009年修订的《海域使用分类体系》（HY/T 123-2009），2009年至2015年填海造地面积按用途分析，分别为33.61%用于工业建设，32.18%用于交通运输建设，24.12%用于城镇与农业建设，6.34%用于旅游基础设施建设，2.90%用于渔业基础设施建设，0.85%用于其他各类用海。工业、交通运输、城镇与农业建设是近几年填海造地用海的主要用途，三者之和超过填海造地用海确权总面积的 89.91%。如图 1-3 所示。

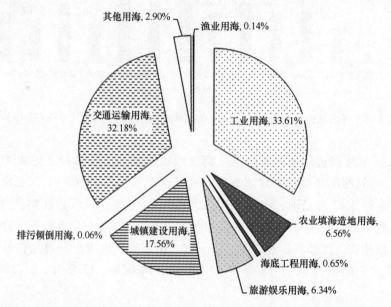

图 1-3 《海域使用管理法》实施以来我国填海造地总面积中各用海类型分布

从填海造地用海占各用海类型的比例来看，全国填海造地确权面积占总确权用海面积的 4.49%。各用海类型中以填海造地方式确权的面积比例分别为：渔业用海 0.14%，填海造地主要来自渔业基础设施用海；工业用海 39.17%，填海造地主要来自其他工业用海、船舶工业用海和电力工业用海；交通运输用海 45.51%，填海造地主要来自港口用海和路桥用海；旅游娱乐用海 41.79%，填海造地主要来自旅游基础设施用海；特殊用海 8.11%；其他用海 4.49%。

四、围填海总体情况分析

从数据统计分析情况来看，《海域使用管理法》实施以来围填海在以下方面发挥了重要的作用：落实我国国家战略，提供发展空间；支撑沿海工业与城镇建设发展，弥补建设用地不足；增加沿海港口码头岸线，提升港口规模和作业能力；提升资源品质，改善还原海岸带景观；补充农业用地，维系耕地动态平衡等。围填海经历了 2005 年至 2009 年的大规模增长之后，已逐步进入了理性发展阶段。填海造地具体用途更加多元化，以工业、交通运输、城镇建设为主，同时涵盖了旅游、渔业及新型能源开发等多个行业，体现出了鲜明的时代特征。围填海空间分布明显向国家重点开发建设区域聚集，并且体现出一定的南北差异性，长江以北围填海相对单体规模更大，以连片、集中式的滨海海涂大面积填海开发特征更为明显。但随着管理要求的提升，近年来优化平面设计方式、提升海域资源利用效率和生态环境价值的趋势也逐步凸显。

总体来看，国家宏观经济布局和政策导向是影响我国围填海规模和增速的两大主要驱动力。2006 年以来，国务院共在沿海地区批复 17 个区域发展战略规划，在相当程度上激发了各地填海造地的需求和热情。仅以天津为例，2006 年填海造地确权面积为 30.89 公顷，国务院下发《关于推进天津滨海新区开发开放有关问题的意见》以来，2007 年至 2010 年填海造地确权面积达到年均 2 115.83 公顷。2008 年年底在全球经济低迷的形势下，党中央、国务院及时做出了关于进一步扩大内需、促进经济平稳较快发展的重大决策，海洋行业相应出台十大政策保障措施（简称"海十条"）。围填海成为满足中央投资计划项目、涉海基础设施建设及地方招商引资等经济建设活动的强有力支撑点。2009 年仅报经国务院批准的国家能源、重大基础设施建设和交通运输等重大建设项目用海就达 32 个，为国家经济发展提供了大量的海域空间资源。2010 年国家出台围填海计划管理制度，对年度围填海规模实施总量控制，围填海规模开始呈现平稳回落态势。从上述视角来看，当前海洋经济发展战略已进入全面实施期，传统产业及战略新兴产业进一步向海聚集的趋势有增不减，填海造地需求可能还需要经历一段较长时间的释放期，进一步提升围填海综合利用效率和集约化水平，才能实现围填海的内涵式增长。

第五节　我国围填海管理面临的新形势

党的十八大树立了"创新、协调、绿色、开放、共享"五大发展理念，确立建设"海洋强国"和"美丽中国"的发展战略，提出"拓展蓝色经济空间。坚持陆海统筹，壮大海洋经济，科学开发海洋资源，保护海洋生态环境，维护我国海洋权益，建设海洋强国"。围填海规模管控被直接确定为中央全面深化改革领导小组部署的重要改革事项之一，围填海管理面临着全新的形势和更高的要求。

一、推进海洋生态文明建设对围填海提出了新的要求

所谓生态文明，是指人类在经济社会活动中，遵循自然发展规律、经济发展规律、社会发展规律、人自身发展规律，积极改善和优化人与自然、人与人、人与社会之间的关系，为实现经济社会的可持续发展所作的全部努力和所取得的全部成果。2012 年 11 月召开的党的十八大，将生态文明建设纳入中国特色社会主义事业"五位一体"总体布局，首次把"美丽中国"作为生态文明建设的宏伟目标。2015 年 4 月，中共中央、国务院印发《关于加快推进生态文明建设的意见》，为各领域的生态文明建设提出了行动指南。同年 6 月，国家海洋局出台了《海洋生态文明建设实施方案》，明确建设目标为：到 2020 年，海洋生态文明制度体系基本完善，海洋管理保障能力显著提升，生态环境保护和资源节约利用取得重大进展；2030 年，基本实现"水清、岸绿、滩净、湾美、物丰"。其中，严控围填海总量、优化围填海布局是海洋生态文明建设的一项重要任务。如何从源头严防、过程严管、后果严究等多个层面出发，按照保护优先、适度开发、陆海统筹、节约利用的原则，严格控制围填海活动对海洋生态环境的不利影响，

实现围填海经济效益、社会效益、生态效益相统一，对于落实海洋生态文明建设要求意义重大。

二、人民群众关心海洋、亲近海洋的意识和需求日益提高

随着物质经济条件的不断提升，人民群众对于生活休闲娱乐方面的需求也愈加迫切。人类来自海洋，与生俱来对海洋这片蓝色家园充满憧憬和向往。我国海域面积辽阔，岸线绵延曲直、地貌类型丰富多样、滨海地区名胜古迹众多、民俗风情浓郁，是日常生活和休闲度假的理想圣地。人们对海洋的向往和亲近，也给近岸海域的优美环境、洁净海滩等自然环境提出了更高的要求。与此同时，近年来，我国"海洋强国"战略深入推进，习近平总书记强调要"进一步关心海洋、认识海洋、经略海洋"，普及海洋知识、传播海洋文化、弘扬海洋精神为主线的全民海洋意识教育如火如荼。2014年，中宣部出台《关于提升全民海洋意识宣传教育工作方案》，明确提出"加快推进海洋知识进学校、进教材、进课堂"。这也在客观上，推动着社会大众对海洋事务的关心和关注。而围填海工程往往规模大、施工期长、占用大量海域空间，影响海域原生环境，与人民群众的切身利益密切相关，因而受到更多的关注和热议。从以民为本、执政为民的基本点出发，如何推进近岸海域生产、生活、生态空间合理布局，促进围填海资源的集约节约利用，尽可能减少围填海项目环境影响，提升围填海区域的景观效果等方面，都对围填海管理工作提出更高更新的要求。

三、近岸海域和海岸资源紧缺性和承载能力有限更加凸显

海岸带区域无论从技术条件、区位条件，还是投资成本、产出效益等方面来说，都是实施围填海的核心区域。海岸带区域是负载经济开发活动的重要依托，是重要的海洋空间资源，对于缓解我国用地紧张的局面具有重要作用。然而，海岸带作为海陆交汇区域，其物质和能量交换与转移非常频繁，生态环境比其他区域更为复杂脆弱。近十多年来，以大规模区域集中化为特征的新一轮围填海热潮，已经消耗了大量的浅海资源。用于工业和城镇建设的围填海规模增长过快，海岸人工化趋势显著，围填海区域已经逐渐从过去的高潮滩向潮间带、潮下带延伸，围填海成本越来越高，可供围填的海域空间资源的数量逐步变少，未来海洋经济发展、沿海地区开发将开始面临严重的海域空间资源紧缺问题。同时，大规模填海造地带来的增加泥沙淤积、导致海洋环境质量下降、生境退化和海岸带生物多样性的减少等负面作用以更加强烈的状态开始显现，海岸资源环境的承载能力逐步趋于饱和。在此种形势下，如何解决好开发与保护、经济发展与生态建设的关系，将成为围填海管理面临的一个核心问题。

四、沿海工业化、城镇化发展对围填海造地仍有旺盛需求

改革开放三十余年来，我国沿海地区的工业化和城镇化在经历了起步阶段后，当前已步入工业化中期阶段和城镇化加速发展的新阶段。人口趋海聚集的趋势更加明显，海洋经济在国民经济中的地位愈加显现，海洋开发利用的热潮方兴未艾。近年来，由

国务院批复并将在"十三五"期间继续贯彻落实的沿海地区战略规划就有 17 项之多，沿海地区纷纷确立了以依托临海临港优势、大力发展海洋经济为主题，作为区域经济转型升级的突破口。在土地资源严重紧缺、沿岸区位优势明显的现实条件下，围填海无疑将成为一项重要选择，交通运输、临海工业、新能源建设、滨海生态城镇建设、旅游休闲、海洋渔业、环海经济发展等都将引发旺盛的填海造地需求。总体来看，在今后几十年内，填海造地的势头仍将总体趋稳，不可能出现大规模回落的态势。

第二章 国内外相关经验与启示

"他山之石，可以攻玉。"全世界 200 余个国家和地区中，沿海国家和地区占 70% 以上，对于围填海的管理必然有着共通之处。在当今全球经济一体化的大趋势下，海洋的战略作用越来越明显，海洋强国也往往是世界强国。客观来看，我国是海洋开发上的迟到者，在海洋开发领域仍处于初级阶段，只有充分吸取借鉴先期发展和发展较好的国家和地区的经验教训，才能少走弯路，发挥出后发优势。从横向比对的角度来看，围填海管理在资源行业管理中，也相对起步较晚，形成独立门类专门研究出台政策制度更晚，相较国外，同为国内资源领域的土地、水、矿产资源行业等在发展环境、政策体制、人民诉求等方面，有着更多的相似之处，其发展过程中的先进经验，也可为围填海管理提供诸多启迪。

第一节 国外围填海管理现状

当前世界围填海主要分布在欧洲（荷兰、希腊、德国、英国、法国等）、东南亚沿岸（中国、日本、韩国、新加坡等）、美洲沿岸（美国东海岸、墨西哥湾沿岸等）与波斯湾沿岸（迪拜、卡塔尔等）等四个区域。各国因为资源禀赋、经济体制、政治体制、经济发展情况以及技术水平等因素的不同，围填海造地的原因、做法和管理模式也各不相同。从上述四个区域中分别选取荷兰、日本、美国和迪拜四个有代表性的国家，分析各国围填海现状与管理经验，为完善我国围填海管理制度提供借鉴。

一、荷兰围填海管理

（一）围填海基本情况

荷兰海岸线长约 1 075 千米，境内地势低洼，其中 24% 的面积低于海平面，1/3 的国土面积仅高出海平面 1 米，而 60% 的人口居住在低洼地区，低地生产总值占全国 GDP 的 65% 以上。荷兰受生存安全需求主导，自 13 世纪起就开始大规模填海造陆，4.18 万平方千米的国土中，有 20% 是近 800 年来通过围填海洋、湖泊滩涂的方式获取，甚至连丘陵都被挖去填海去了，故有"上帝造海，荷兰人造陆"之称。20 世纪 20 年代起，荷兰开始须德海工程建设，至 1932 年建设长 29 千米、宽 90 米、高出海面 7 米的拦海大坝，连接须德海北口两岸，使 4 000 平方千米的海湾变成内湖，其中大约 1 660

平方千米改造成圩田，所余的水面称为"艾瑟尔湖"，并已逐渐成为淡水湖。1954 年起荷兰实施三角洲工程，1986 年宣布竣工并正式启用，耗资 120 亿荷盾。三角洲工程位于莱茵河、马斯河及谢尔德河三角洲地带，是一项大型挡潮和河口控制工程，整个工程包括 12 个大项目。工程实施后一些海湾的入口被大坝封闭，使得海岸线缩短了700 千米。21 世纪以来，荷兰推行的退滩还水计划，再次提出恢复三角洲作为荷兰生态核心区地位，强化海岸作为众多海洋生物栖息地的功能。

（二）主要围填海管理政策

荷兰对围填海的管理主要集中在两个方面：一是保障抵御海潮和防洪安全，二是保证自然岸线泥沙的自然流动，防止海岸线缩退。荷兰将围填海管理作为国家战略纳入政府计划，形成较为成熟的管理体系，也为其他国家提供了宝贵的经验。其主要的管理政策如下：

1. 建立科学的规划体系

荷兰的围填海管理是由水利、交通、建设、农业、环保等部门共同合作的成果，以科学的规划和计划管理来协调涉海部门的利益，实现国家的战略目标。目前，荷兰全国已经建立了综合湿地计划、海岸保护规划、海洋保护区规划、水资源综合利用规划和三角洲开发计划等。

2. 注重经济、社会、生态效益兼顾的原则

政府的围填海造地决策首先是出于对国土面积和社会发展需要的考虑，并尝试将社会保险、保障、福利、制度等效用与工程收益有机地交融在一起。其次，还对围垦土地进行基础设施投资，鼓励产业经济的发展，提高经济效益。另外，荷兰在围填海造地管理中注重生态效益的发展，1990 年在须德海大堤工程和三角洲工程接近竣工尾声时，荷兰政府制定了《自然政策计划》，即退滩还水计划。该计划的目的是将围填海造地的土地恢复成原来的湿地，以保护受围填海造地的影响而急剧减少的动植物。

3. 建立围填海评价技术体系

荷兰除了通过建立海岸、波浪、海底地形、行洪安全、潮汐等数学模型和物理模型对围填海进行各方面的综合评价外，还对围填海及海岸工程施工和营运期进行综合损益分析。另外，还建立了围填海后评估技术体系，对于有效规范围填海管理及后续的涉海工程建设提供经验和借鉴。

二、日本围填海管理

（一）围填海基本情况

日本国土面积狭小，山地、丘陵等约占 66% 左右，平原小且分布零散。同时，日本是世界上海岸线最长的国家之一，约 3.3 万千米。其曲折的海岸除了形成众多优良港湾有利于海运业和对外经济的联系外，更便于沿岸填海造地。日本大规模的围填海

主要发生在明治维新到 20 世纪 70 年代后期，主要体现为以工业化发展需求为主导。日本政府在 1962 年至 1969 年间两次制定了新产业都市和沿海工业发展区域规划，统一进行工业布局，东京湾、大阪湾、伊势湾以及北九州都以各自原有的港口海湾为中心填造了大量的土地，并将炼油、石油化工、钢铁和造船等资源耗型联合企业集中配置于东京湾以南的沿太平洋呈带状布局的工业地带上，形成港口区与工业区紧密结合在一起的新格局，使能源耗量多的钢铁、水泥、制铝、发电和汽车业等成本下降，促进了这些部门以及造船、机械、建筑、石油冶炼、石油化学、合成纤维、塑料制品和化学肥料等工业飞速发展。在沿海建立了 24 处重化工业开发基地，形成了支撑日本经济的"四大工业地带"。到 1978 年，日本人围海造地面积累计约达 737 平方千米，在太平洋沿岸形成了一条长达 1 000 余千米的沿海工业地带。自 20 世纪 70 年代后期往后，日本围填海的速度迅速下降，并且填海用途从以工业开发为主转向以交通、住宅、商务、信息、文化娱乐等为主的城市功能多样化开发。20 世纪 90 年代以后，由于日本经济增长放缓，以及人口负增长，对土地的需求趋于平缓，政府及社会各界对填海造地造成的海洋生态环境影响也日益关注，日本的围填海面积总体呈逐年下降趋势，特别是工业用填海造地面积下降最为明显。至 2005 年日本围填海总面积已经不足 1975 年的1/4，且主要局限在码头填海。

日本的神户人工岛、六甲人工岛和关西国际机场工程是世界上有名的围填海造地工程。1966 年神户人工岛工程开工，历时 15 年建成。神户人工岛位于日本兵库县神户市南约 3 千米的海面上，呈长方形，东西宽 3 千米，南北长 2.1 千米，总面积为 4.36 平方千米。岛上居民为 2 万人，各种设施齐全，是当时世界上最大的一座人造海上城市，享有"二十一世纪的海上城市"之称。在修建神户港人工岛的同时，神户市于 1972 年开始，又用了 15 年的时间，建造了总面积为 5.8 平方千米的六甲人工岛，并建有一座高 297 米的世界第一吊桥，把人工岛与神户市区连接起来。1989 年日本政府通过填海造地修建了著名的海上机场——关西国际机场。机场建造在大阪东南、离海岸大约 4.8 千米的人工岛上，面积约 11.2 平方千米，庞大的填海工程前后费时 5 年，工程所需的土石方取自于附近的两座山。

（二）主要围填海管理政策

在 20 世纪 50 年代中期至 70 年代末期的日本经济腾飞阶段，"先填海破坏，后污染治理"的环保错位情况，同样存在于日本发展进程中。但是，从近几十年来围填海用途和规模的历史变迁来看，日本的围填海还经历了一些值得关注和重视的深层次变化，主要体现在以下几个方面：

1. 适时修订法律法规

1973 年日本政府适时修正了《公有水面埋立法》，加强了对环境影响、利益相关和公众意见分析等的评价和审查要求。近年来，日本围填海的审批与实施变得更为谨慎与严格。原来日本政府有关方面制定的在东京湾上的"三番濑"、伊势湾上的"藤前"等滩涂进行造地的计划，因遭到了多方面的强烈反对，已经使一些项目被迫停止或缩小规模。

2. 注重整体性规划

国家制定沿海地区发展的总规划,划定重点发展地区,并明确整体功能定位。例如,日本在 20 世纪 60 年代两次在东京湾、大阪湾、伊势湾以及北九州市一带制定了新产业都市和沿海工业发展区域规划,统一进行沿海工业布局,明确了都市带和工业带的规划位置和范围。在这些规划的都市和产业带之外的海岸很少有大规模的围填海工程。同时,对重点发展地区,如一些布置有产业带的较大海湾,进行较为系统的总体空间规划,包括相互衔接的城市总体规划、港湾发展规划和海洋功能规划等。通过规划明确岸线及其临近海域的基本功能定位,引导围填海项目会根据自身用途选择对应的基本功能岸段,进行空间布局。

3. 重视平面设计

大量资料显示,日本对围填海工程的平面设计尽显精细。在围填海方式上,多采用人工岛式,极少自岸线向外延伸、平推;在围填海布局上,工程项目内部大多采用水道分割,很少采用整体、大面积连片填海的格局;在岸线形态上,大多采用曲折的岸线走向,极少采取截湾取直的岸线形态。这种围填海工程的平面设计,虽然会增加填海成本,但在提高海洋资源利用效率,提升区域资源、环境和社会协调性方面具有十分明显的优点。

三、美国围填海管理

(一)围填海基本情况

美国东临大西洋,西濒太平洋,海岸线全长 2.27 万千米。在美国 50 个州之中,有 30 个州与海洋为邻。美国人少地多,真正的围填海现象并不突出。但是由于其沿海区域聚集了全国一半以上的人口,沿海城市发展迅速,故海岸带开发趋势较为明显。美国的围填海主要以城市化发展需求为主导。20 世纪 60 年代至 80 年代间,纽约、迈阿密、檀香山等城市,通过填海扩建了数百平方千米的城区。纽约伊丽莎白港就是在 3.72 平方千米的沼泽地上填筑起来的。

(二)主要围填海管理政策

美国具有比较健全的海洋法规体系,涉及海洋的法律、法规多于世界任何国家,有关围填海的综合性法律法规主要有三部。《水下土地法》确定沿海各州对距离海岸 3 海里领海范围内的水下土地及其资源的管理权利,建立水下土地及资源的使用和控制原则;《外大陆架土地法》规定 3 海里范围以外的大陆架油气资源由联邦政府管理,具体包括发放矿物资源开采许可证等;《海岸带管理法》确定了美国海岸带管理的目的是保护、保全、开发并在可能条件下恢复和增加海岸带资源,鼓励和帮助各州通过制定海岸带规划而有效地履行职责,在综合考虑到生态、文化、历史、美学及经济发展需要的基础上,合理开发利用海岸带资源。同时,该法还确立了联邦政府通过财政资助、政策导向等途径对沿岸州政府管辖的沿岸和海域的决策进行干预的体制。

另外，在海域使用管理方面形成了较为系统化的管理政策体系。一是实施分级管理政策。海岸带管理法主要是由州一级来执行，联邦的法规为各州制定条法和规划提供基础。在管理范围方面，主要分界线是向陆地一侧 3 海里水域及其海床、底土归各州，3 海里以外归联邦；在管理权限方面，联邦政府主要控制所有海域内的国防、跨州商业贸易、海上交通等事务，其他归各州政府管理。二是建立海岸带管理补助金和基金，用于处理各州诸如提高政府决策能力及保护自然资源等具体的管理工作。三是建立了较为完善的公众参与政策、环境评估、海域使用许可证、海域有偿使用等制度措施。

四、迪拜围填海管理

（一）围填海基本情况

迪拜是阿联酋七个酋长国之中第二大酋长国。近年来迪拜的发展速度较快，已从 20 世纪 60 年代的小渔村变成今天享誉全球的现代化大都市。为了与新加坡和香港竞争成为世界商业港中心，与拉斯维加斯竞争成为世界休闲之都，迪拜酋长国提出了建设海上人工岛，增长海岸线、增加土地面积，并发展商业、休闲与旅游产业的工程。2001 年迪拜启动建设了世界上最大的围填海工程之一——棕榈岛工程。该工程被称为"世界第八大奇迹"。棕榈岛由三个"棕榈岛"工程，即朱美拉棕榈岛、杰拜阿里棕榈岛和代拉棕榈岛组成，全部由围填海建成。岛屿覆盖 12 平方千米，伸入阿拉伯湾 5.5 千米。其中，朱美拉棕榈岛规模庞大，甚至从太空中都能看到。耗资 15 亿美元兴建的亚特兰蒂斯酒店就坐落于棕榈岛上，每年入住的游客高达上千万。除此之外，闻名世界的迪拜帆船酒店——世界上唯一的七星级酒店，同样修建在围填海形成的人工岛上。迪拜自然岸线约 70 千米，海上人工岛工程建设后可增加海岸线 1 000 多千米。

（二）主要围填海管理政策

迪拜具有酋长家族的特殊性。迪拜海上人工岛工程是由酋长自己控制的纳希欧（Nakheel）公司负责规划、设计和开发的，其本身采用政府主导、整体规划、连片开发的模式。工程规划通过国际招标方式选择世界上优秀的设计公司提供设计思路和方案。工程连片开发后向社会公开招标进行商业开发，分块确立土地使用权属。迪拜人工岛的建设在选址和规划上都尽量不占用现有海岸线，增加人工岸线，体现"亲水性"，实施分散型填海，注重保护海洋环境、维护水动力系统，可以说是当前世界上大规模围填海先进模式的代表。

第二节　国内资源行业计划管理制度

为破解资源需求旺盛和生态承载能力有限的矛盾和难题，我国土地资源、水资源、矿产资源等行业纷纷提出了总量控制和计划管理相关的制度措施，从制度设计、量化指标确定、考核管理等多个方面为围填海管理提供了宝贵的实践经验。

一、土地计划管理制度

十分珍惜和合理利用土地是我国的基本国策。土地计划是政府对未来土地资源利用所做的部署和安排，是土地资源和资产管理的重要手段，是实现土地资源节约集约利用的重要方式，是政府部门运用土地政策参与宏观调控的重要工具。土地计划管理是指政府运用计划手段对土地的开发、供给、利用等活动进行系统管理的行为。

（一）土地利用计划

土地利用计划以严格实施土地管理、切实保护耕地、节约集约用地、合理控制建设用地总量为根本出发点，是国家对计划年度内新增建设用地量、土地整治补充耕地量和耕地保有量的具体安排。

1. 土地利用计划管理政策的演变

我国土地利用计划管理始于 1986 年，国务院《关于加强土地管理，制止乱占耕地的通知》中规定："今后必须严格按照用地规划、用地计划和用地标准审批土地。"1996 年，原国家计委与原国家土地管理局联合颁布了《建设用地计划管理办法》，有效控制了乱占滥用、浪费毁坏土地的现象。1998 年，新修订的《土地管理法》颁布，其中第 24 条规定："各级人民政府应当加强土地利用计划管理，实施建设用地总量控制。土地利用年度计划，根据国民经济和社会发展计划、国家产业政策、土地利用总体规划以及建设用地和土地利用的实际情况编制。土地利用年度计划的编制审批程序与土地利用总体规划的编制审批程序相同，一经审批下达，必须严格执行。"国土资源部成立后，1999 年发布了《土地利用年度计划管理办法》。2004 年，根据《国务院关于深化改革严格土地管理的决定》，国土资源部发布了新修订的《土地利用年度计划管理办法》。2006 年 12 月，国土资源部对《土地利用年度计划管理办法》进行了第二次修订。2008 年 3 月，国土资源部下发《土地利用年度计划执行情况考核办法》，进一步加强土地利用年度计划管理，规范土地利用年度计划执行情况考核工作。随着工业化、新型城镇化的快速推进，2016 年 5 月国土资源部再度修订《土地利用计划管理办法》，是对以往的管理办法进行了补充和完善。

2. 土地利用计划管理制度

第三次修订的《土地利用年度计划管理办法》共 20 条，规定了土地利用年度计划的编制、下达、执行、监督和考核等有关管理程序和要求。

（1）土地利用年度计划的编制要求

土地利用年度计划指标包括新增建设用地计划指标、土地整治补充耕地计划指标、耕地保有量计划指标、城乡建设用地增减挂钩指标和工矿废弃地复垦利用指标四大类。新增建设用地计划指标依据国民经济和社会发展计划、国家区域政策、产业政策、土地利用总体规划以及土地利用变更调查成果等确定；土地整治补充耕地计划指标，依据土地利用总体规划、土地整治规划、建设占用耕地、耕地后备资源潜力和土地整治实际补充耕地等情况确定；耕地保有量计划指标，依据国务院向省、自治区、直辖市下达的耕地保护责任考核目标确定；城乡建设用地增减挂钩指标和工矿废弃地复垦利用指标，依据土地利用总体规划、土地整治规划等专项规划和建设用地整治利用等工作进展情况确定。县级以上国土资源主管部门在测算本地未来三年新增建设用地计划指标控制规模的基础上，按照年度间相对平衡的原则，会同有关部门提出本地的土地利用年度计划建议。

（2）土地利用年度计划下达的管理程序

国土资源部会同国家发展改革委根据未来三年全国新增建设用地计划指标控制总规模，结合省、自治区、直辖市和国务院有关部门提出的计划指标建议，编制全国土地利用年度计划草案，纳入国民经济和社会发展计划草案，报国务院批准，提交全国人民代表大会审议确定后，下达各地执行。下达地方的新增建设用地计划指标和城乡建设用地增减挂钩指标、工矿废弃地复垦利用指标等每年一次性全部下达。新增建设用地计划指标下达前，各省、自治区、直辖市、计划单列市及新疆生产建设兵团，可以按照不超过上一年度国家下达新增建设用地计划指标总量的50%预先安排使用。

（3）土地利用年度计划执行的程序要求

新增建设用地计划指标实行指令性管理，不得突破。节余的新增建设用地计划指标，经国土资源部审核同意后，允许在三年内结转使用。批准使用的建设用地应当符合土地利用年度计划。凡不符合土地利用总体规划、国家区域政策、产业政策和供地政策的建设项目，不得安排土地利用年度计划指标。没有土地利用年度计划指标擅自批准用地的，按照违法批准用地追究法律责任。因特殊情况需增加全国土地利用年度计划中新增建设用地计划的，按规定程序报国务院审定。因地震、洪水、台风、泥石流等重大自然灾害引发的抗灾救灾、灾后恢复重建用地等特殊情况，制定灾后重建规划，经发展改革、国土资源、民政等部门审核，省级以上人民政府批准，可以先行安排新增建设用地指标，列出具体项目，半年内将执行情况报国土资源部。水利设施工程建设区域以外的水面用地，不占用计划指标。

（4）土地利用年度计划的监督与考核

实施土地利用年度计划指标使用在线报备制度，国土资源部依据在线报备数据，按季度对各省、自治区、直辖市土地利用计划安排使用情况进行通报。省、自治区、直辖市国土资源主管部门对土地利用年度计划执行情况进行跟踪检查，于每年1月底前形成上一年度土地利用年度计划执行情况报告报国土资源部，抄送同级发展改革部门。上级国土资源主管部门应当对下级国土资源主管部门土地利用年度计划的执行情况进行年度评估考核，考核结果作为下一年度土地利用年度计划编制和管理的重要依据。对实际新增建设用地面积超过当年下达计划指标的，视情况相应扣减下一年度计划指标。对建设用地整治利用中存在侵害群众权益、整治利用未达到时间、数量和质量要求等情形，情节严重的，扣减下一年度用地计划指标。

（二）土地供应计划

土地供应计划是指计划年度内城市建设用地供应总量、各类建设用地供应量、结构布局和供应进度的具体安排。土地供应计划主要针对国有建设用地的供应，分为存量供应和增量供应。

1. 土地供应计划管理相关政策法规

《中华人民共和国城镇国有土地使用权出让和转让暂行条例》第九条要求："土地使用权的出让，由市县人民政府负责，有计划、有步骤地进行。"《协议出让国有土地使用权规定》（国土资源部令第21号）第七条要求："市县人民政府国土资源行政管理部门应当根据经济社会发展计划、国家产业政策、土地利用总体规划、土地利用年度规划、城市规划和土地市场状况，编制国有土地使用权出让计划，报同级人民政府批准后组织实施。"2010年2月，国土资源部下发《国有建设用地供应计划编制规范》（试行），为有效实施土地利用总体规划和土地利用年度计划，科学安排国有建设用地供应提供技术指导。

2. 土地供应计划的编制与管理

国有建设用地供应计划编制是指市、县人民政府在计划期内对国有建设用地供应的总量、结构、布局、时序和方式的具体安排。供应总量是指在科学分析预测的基础上，充分考虑资源承载力、社会需求和宏观经济运行情况的土地供给总量；供应结构是指通过对历年土地供应数据进行科学预测，同时考虑城市规划、产业政策和市场供需情况的基础上，分别确定计划期内商服用地、工矿仓储用地、住宅用地、公共管理与公共服务用地、特殊用地、水域及水利设施用地、交通运输用地等各类国有建设用地的供应规模和比例关系；供应布局是指在分析各行政区划范围内历年土地供应量的基础上，结合城市规划、土地利用总体规划以及各地区土地后备资源情况来确定土地供应的空间分布；供应时序是指根据市场需求、产业发展和政府供地政策，确定的计划期内国有建设用地供应在不同时段的安排；供应方式是指对于划拨、出让、租赁、作价出资或入股等方式的安排。

土地供应计划建立市、县两级政府分工明确、职责清晰的管理体制，国土管理部门和有关部门协调配合的实施机制。市级政府负责宏观决策、供应量确定及调整、监督执行；区县政府负责计划的组织实施。市级国土部门制定具体供地的政策和条件；区县国土部门依据政策和条件及土地供应总量的空间分布指标，确定符合供地条件的地块并组织供应，定期上报供应情况，并可申报调整。同时，建立发展改革、规划、建设等部门协调配合的机制，按照供应计划开展各项行政许可事项，及时沟通反馈信息，确保计划顺利实施。建立控制性与预测性两类指标审批制度。针对控制性与计划性的不同特点，对经营性用地，在项目供应前必须取得市级国土管理部门下发的有关批准文件；对非经营性用地，根据土地供应政策和条件供地，建立年初公布总量、分季度滚动实施的制度。在年初公布土地供应量和结构总量，具体地块的供应计划分季度公布实施。每个季度由各区县申报用地需求，由全市统一按照供地评判指标体系并结合土地供给时序、供给方式、土地分布、土地用途综合确定下季度土地供应。

（三）土地储备开发计划

土地储备开发是人民政府将依法取得的国有土地予以存储，进行必要的开发整理以备利用的行为。完成储备的土地或进入"储备库"的土地，是已经取得政府各相关部门的批准文件，完成征地、拆迁、安置等各项前期工作，完成土地"三通一平"或以上的熟地开发，已经交由土地储备机构可以随时按计划进入土地交易市场进行出让或者以其他方式供应的土地。土地储备开发计划是结合国民经济发展计划、土地利用总体规划、城市总体规划、土地利用年度计划、土地供应计划、旧城拆迁计划和各类建设用地的需求状况等制定的，是国民经济和城市建设健康发展的重要保障，是指导地区土地储备开发工作的重要依据。

1. 土地储备开发计划相关政策法规

2001 年 4 月，《国务院关于加强国有土地资产管理的通知》（国发〔2001〕15 号）提出："为增强政府对土地市场的调控能力，有条件的地方政府要对建设用地实行收购储备制度。市县人民政府可以划出部分土地收益用于收购土地，金融机构要依法提供信贷支持。"2006 年 12 月，《国务院办公厅关于规范国有土地使用权出让收支管理的通知》（国办发〔2006〕100 号），提出"加强国有土地储备管理，建立土地储备资金财务会计核算制度"，"国土资源部、财政部要抓紧研究制定土地储备管理办法，对土地储备的目标、原则、范围、方式和期限等作出统一规定，防止各地盲目储备土地"。2007 年 11 月，国土资源部、财政部、中国人民银行联合下发了《土地储备管理办法》，明确要求土地储备实现计划管理，对土地储备计划的编制原则、部门、内容和实施做了规定。

2. 土地储备开发计划的编制和管理

土地储备开发计划是政府对计划年度内所辖区域土地收储的总量、结构、布局、前期开发整理时序、供应规模、临时利用管护方案、资金需求规模和筹措方式等做出的统筹安排，是落实城市总体规划和土地利用总体规划的重要手段，是政府部门批准土地储备开发和入市交易项目的依据，是土地供应计划的重要保障，是规范土地出让收支管理的要求和编制储备资金预算的重要依据。收储总量是指计划期内各类建设用地收储的总规模，包括已储备入库地块和年度拟入库储备地块；收储结构是指计划期内储备土地在城乡规划中明确的规划用途，以及各类用地的规模和比例关系；收储布局是指计划期内储备土地在各行政单元、规划单元中的空间布局；前期开发整理时序是指计划期内对已储备入库地块和拟入库储备地块的前期开发整理工作在不同时段的安排；储备土地前期开发整理工作是指为储备土地在供应前达到配套成熟而进行的道路、供水、供电、供气、排水、通信、照明、绿化、土地平整等基础设施建设；计划年度储备土地供应规模是指根据国有建设用地供应计划，确定计划年度供应的储备地块坐落位置、四至范围、面积、规划用途、供应时间、供应方式等；计划年度储备土地管护与临时利用是指储备土地供应前土地储备机构可采用自行管护、委托管护、临时利用等方式对储备土地进行管护；计划年度土地储备资金需求包括尚未完成储备投资地块投资需求和拟入库储备地块投资需求两部分；计划年度土地储备资金筹措方式包括财政部门从已供应储备土地产生的土地出让收入中安排给土地储备机构的征地和拆迁补偿费用、土地开发费用等储备土地过程中发生的相关费用，财政部门从国有土地收益基金中安排用于土地储备的资金，土地储备机构按照国家有关规定举借的银行贷款及其他金融机构贷款，经财政部门批准可用于土地储备的其他资金，及上述资金产生的利息收入等。

土地储备开发计划实施过程中市级机构主要负责宏观决策、土地储备开发总量的确定及调整、确定储备开发地块的政策和条件、计划的监督执行；区县机构主要负责计划的申报和组织实施，依据全市政策和条件及土地储备总量的空间分类指标，确定符合储备开发条件的地块并组织实施储备开发。建立土地储备开发计划公布制度，年初公布土地储备和开发的总量和结构指标，具体地块的计划可以分季度公布实施，让全社会参与计划的执行和监督。项目在实施土地储备开发前必须列入年度土地储备开发计划，未列入土地储备开发计划的土地，有关部门不得为其办理规划、用地等手续。建立土地储备开发计划调整机制，计划调整一般可安排每季度或半年一次，调整内容包括已纳入计划的项目在实施主体、时间进度、投资安排等方面的调整，由于项目条件不成熟需要调出计划，未纳入计划的项目由于达到储备开发条件而申请纳入计划等。

二、水资源总量管理制度

我国是一个水资源严重短缺的国家，水资源时空分布不均衡，同时经济产业结构不合理，也加剧了水资源问题。2002 年实施的《中华人民共和国水法》，明确规定"国家对用水实行总量控制和定额管理相结合的制度"。为进一步严格控制用水总量、加快建设节水型社会、促进水资源可持续利用，2012 年国务院出台了《关于实行最严格水资源管理制度的意见》（国发〔2012〕3 号），在我国实行最严格水资源管理制度。

（一）最严格水资源管理制度

《国务院关于实行最严格水资源管理制度的意见》主要内容可概括为确定"三条红线"、实施"四项制度"。

确定"三条红线"。一是确立水资源开发利用控制红线，到 2030 年全国用水总量控制在 7 000 亿立方米以内。二是确立用水效率控制红线，到 2030 年用水效率达到或接近世界先进水平，万元工业增加值用水量降低到 40 立方米以下，农田灌溉水有效利用系数提高到 0.6 以上。三是确立水功能区限制纳污红线，到 2030 年主要污染物入河湖总量控制在水功能区纳污能力范围之内，水功能区水质达标率提高到95%以上。同时，为实现上述红线目标进一步明确了2015年和2020年水资源管理的阶段性目标。

实施"四项制度"。一是用水总量控制制度。加强水资源开发利用控制红线管理，严格实行用水总量控制。包括严格规划管理和水资源论证，严格控制流域和区域取用水总量，严格实施取水许可，严格水资源有偿使用，严格地下水管理和保护，强化水资源统一调度。二是用水效率控制制度。加强用水效率控制红线管理，全面推进节水型社会建设。包括全面加强节约用水管理，把节约用水贯穿于经济社会发展和群众生活生产全过程，强化用水定额管理，加快推进节水技术改造。三是水功能区限制纳污制度。加强水功能区限制纳污红线管理，严格控制入河湖排污总量。包括严格水功能区监督管理，加强饮用水水源地保护，推进水生态系统保护与修复。四是水资源管理责任和考核制度。将水资源开发利用、节约和保护的主要指标纳入地方经济社会发展综合评价体系，县级以上人民政府主要负责人对本行政区域水资源管理和保护工作负总责。

（二）水资源管理考核制度

为推进实行最严格水资源管理制度，确保实现水资源开发利用和节约保护的主要目标，国务院进一步出台了《实行最严格水资源管理制度考核办法》，同时水利部联合发展改革委等十部委制定了《实行最严格水资源管理制度考核工作实施方法》，明确了考核的具体方法和要求。

水利部会同发展改革委、工业和信息化部、财政部、国土资源部、环境保护部、住房城乡建设部、农业部、审计署、统计局等部门组成最严格水资源管理制度考核工作组，负责具体组织实施对各省、自治区、直辖市落实最严格水资源管理制度实行情况的考核，形成年度或期末考核报告。各省、自治区、直辖市人民政府是实行最严格水资源管理制度的责任主体，政府主要负责人对本行政区域水资源管理和保护工作负总责。

考核内容主要包括两个方面：一是各省区最严格水资源管理制度目标完成情况，包括各省区用水总量、用水效率、重要江河湖泊水功能区水质达标率控制目标。二是各省区最严格水资源管理制度建设和措施落实情况，包括用水总量控制、用水效率控制、水功能区限制纳污、水资源管理责任和考核等制度建设及相应措施落实情况。

考核工作与国民经济和社会发展五年规划相对应，每五年为一个考核期，采用年度考核和期末考核相结合的方式进行。年度考核是对各省、自治区、直辖市人民政府上年度目标完成、制度建设和措施落实情况进行考核；期末考核是对各省、自治区、直辖市人民政府五年考核期末目标完成、制度建设和措施落实情况进行全面考核。考核采用评分法，并划定为优秀、良好、合格、不合格四个等级。

各省区人民政府按照《实行最严格水资源管理制度考核办法》明确的本行政区域考核期水资源管理控制目标，合理确定年度目标和工作计划，在考核期起始年3月底前报送水利部备案、抄送考核工作组其他成员单位；在每年3月底前将本地区上年度或上一考核期的自查报告上报国务院，同时抄送水利部等考核工作组成员单位；考核工作组对自查报告进行核查，对各省、自治区、直辖市进行重点抽查和现场检查，划定考核等级，形成年度或期末考核报告；水利部在每年 6 月底前将年度或期末考核报告上报国务院，经国务院审定后，向社会公告。

对于考核结果的运用与奖惩措施，主要包括以下 4 个方面：一是将考核结果与领导干部考评紧密挂钩。年度和期末考核结果经国务院审定后，交干部主管部门，作为对各省、自治区、直辖市人民政府主要负责人和领导班子综合考核评价的重要依据；二是对期末考核结果为优秀的省、自治区、直辖市人民政府，国务院予以通报表扬，有关部门在相关项目安排上优先予以考虑；对在水资源节约、保护和管理中取得显著成绩的单位和个人，按照国家有关规定给予表彰奖励；三是对年度或期末考核结果不合格的省区，该省区人民政府要在考核结果公告后 1 个月内，向国务院作出书面报告，提出限期整改措施，同时抄送水利部等考核工作组成员单位。整改期间，暂停该地区建设项目新增取水和入河排污口审批，暂停该地区新增主要水污染物排放建设项目环评审批；四是对整改不到位的，由监察机关依法依纪追究该地区有关责任人员的责任。

三、优势矿种开采总量控制制度

为加强优势矿产资源开发的总量调控，防止过度开采，保护和合理利用矿产资源，2012 年国土资源部印发了《开采总量控制矿种指标管理暂行办法》（国土资发〔2012〕44 号）。近几年来，我国分别对钨、锡、钼、锑、稀土等优质矿种的开采总量进行控制，在很大程度上保护了这些优势矿种、稳定了矿产资源价格，维持了我国在国际市场的话语权。

（一）开采总量控制指标管理

对国务院要求实行开采总量控制的矿种，以及依据国土资源部相关规定应实行开采总量控制的矿种，国土资源部负责确定全国年度开采总量控制指标，并分配下达到省级国土资源主管部门。省级国土资源主管部门负责本行政区域开采总量控制指标的分解下达和监督管理；市、县级国土资源主管部门负责总量控制指标执行情况的监督管理。

年度开采总量控制指标的确定主要依据全国矿产资源规划、产业政策，综合考虑矿产资源潜力、市场供求状况、资源保障程度、采矿权设置和产能产量等因素。开采总量控制指标不得跨年度使用。省级国土资源主管部门根据本辖区内矿山企业的保有资源储量、开发利用情况、资源利用水平等因素，参考矿山企业以往年度开采总量控制指标执行情况，结合市、县国土资源主管部门意见，对开采总量控制指标实施分配。同时，省级国土资源主管部门将本省（自治区、直辖市）矿山企业的指标分配情况进行公告并报部备案。

开采总量控制指标分解下达后，由矿山企业与其所在地县级国土资源主管部门签订责任书，明确权利、义务和违约责任等。开采总量控制指标执行情况实行季报统计制度，矿山企业按规定向所在地县级国土资源主管部门报送开采总量控制指标执行情况，经所在地国土资源主管部门审核后上报至国土资源部。

国土资源部对各地指标执行情况进行核查，对每年度执行情况进行通报。对超指标开采严重的省（自治区、直辖市）责令进行整改，整改不合格的，扣减该省（自治区、直辖市）下一年度开采总量控制指标，并暂停该省（自治区、直辖市）超指标开采矿种的矿业权配号。国土资源部负责统一开发开采总量控制指标管理信息系统，建立企业生产电子台账，实行责任书在线备案、统计数据网上直播，实现管理全流程信息化。

（二）开采总量控制指标测算

年度开采总量控制指标具体分配至各省（自治区、直辖市）时，采用定量测算法，并依据具体因素有所增减。其中，核增因素主要包括：国家实施产业布局调整需要增加指标的；矿产资源开发整合到位，产业集中度明显提高的；矿产开发秩序稳定，严格执行总量指标管理制度的。核减因素主要包括：指标管理责任不落实，年度超指标生产或不按时上报指标执行情况的；矿山安全事故多发的；环境破坏较严重的；未及时查处无证开采、越界开采等违法违规行为的；采矿权未按规定进行有偿处置的。

开采总量控制指标定量测量具体公式为：各省（自治区、直辖市）的开采总量控制指标＝全国开采总量控制指标 × $(K_1 × 0.7 + K_2 × 0.3)$ ＋调整量。其中，K_1 为产量比例系数，是省（自治区、直辖市）近三年产量与全国近三年产量的比值，超指标开采量不计入计算基数，0.7 为产量所占权重；K_2 为产能比例系数，是省（自治区、直辖市）核定的矿山开采规模与全国生产规模的比值，0.3 为产能所占权重。调整量的确定综合考虑以下情形：① 上年度超指标生产的，视情节按其超产产量核减当年度不低于超产产量两倍的开采总量控制指标；② 因资源开发整合、企业重组、布局调整、秩序整顿等原因影响矿山正常开发活动的，开采总量控制指标可予以调整；③鼓励矿山节约集约利用资源，开采总量控制指标可向矿山资源开发利用水平较好的企业适当倾斜；④ 国土资源部认定应予以调整的其他情形。

第三节　对我国围填海管理的启示与建议

一、国外围填海管理的启示

目前，世界多数国家已经开始控制围填海速度与数量，原本鼓励并支持围填海开发的荷兰从20世纪90年代开始已经陆续采取了限制围填海的政策，一向采取既不鼓励也不限制政策的日本也在围填海的空间规划过程中加强了对围填海项目的严格控制。上述各国围填海历程和管理措施，对于当前我国围填海管理工作具有相当的借鉴和启迪作用。

（一）制定围填海管理综合性法律法规

日本、美国等多数国家颁布了有关围填海管理的专门性法律法规。我国《海域使用管理法》仅对围填海管理的重要事项做出了原则性的规定，缺乏配套法规的支撑。虽然，有关围填海管理的部门规范性文件的数量众多，然而各类文件面向问题单一、彼此间衔接松散、法律效力有限，在一定程度上造成围填海管理的局限性。因而，有必要针对围填海制定一部专门的法律或法规，系统详尽地规定围填海管理的相关制度，解决相关行业法律间的协调问题。

（二）编制围填海整体规划

借鉴荷兰、日本等国的经验，做好围填海的整体性规划。由于我国海域面积广，国家无法对全国海域直接进行管理，地方政府出于自身利益考虑，缺乏对于围填海项目的整体布局，不同区域间通过围填海工程布局的产业项目同质化趋势严重。应在现在海洋主体功能区划、海洋功能区划的体系下，结合自然环境特征和产业用海需求等多方面的因素，开展全国性的围填海整体规划，引导围填海实现区域聚集，科学、有序、健康发展。

（三）加强围填海平面设计审查管理

学习迪拜、日本等国的先进经验，加强对围填海项目平面设计方案的引导与审查。当前我国围填海项目仍以近岸平推、截弯取直式的平面设计方式为主，降低围填海成本的代价是给海域功能和海洋生态环境造成不可弥补的损失。近年来，我国政府已开始高度重视围填海的平面设计，出台了相应的政策和技术指导文件，但尚缺乏必要的量化审查手段。应以占用岸线长度、新增岸线长度、岸线曲折度、公共亲海岸线长度、岸滩海洋生态环境和生物多样性、水流交换、环境容量等为评判指标，加强对围填海项目的审查力度，尽可能地提升围填海区域的生态功能。

（四）完善公众参与机制

围填海工程涉及毗邻海域的海洋生态环境，对邻近区域的社会公众生产、生活造成诸多方面的影响。大规模的围填海活动更是具有广泛的社会关注度。完善公众参与的途径和手段是加强围填海管理的重要基础手段。应借鉴美国等发达国家围填海管理经验，完善围填海项目的座谈、听证、公示等环节，将公众意见直接反馈在围填海项目的审批程序中，最大程度地尊重和保全公众权益。

二、相关行业计划管理的启示

在坚持节约资源和保护环境的基本国策指导下，各行各业都开始摒弃以往的"高投入、高消耗、高排放、不协调、难循环、低效率"的粗放型增长方式，以资源环境承载力为基础,注重节约资源,有效利用资源,使有限的资源实现效益的最大化。在土地、水、矿产等战略性资源管理的目标设定、制度设计、实施措施等方面,为当前的围填海管理工作提供了诸多更加符合我国国情的实践经验。

（一）加大从总量控制到数量、结构、质量兼顾的转变

在经济转型与结构性改革的新时期,土地资源、水资源等行业领域在总量调控的基础上,加强了对资源开发利用的结构、布局和使用效率等方面的引导和考核。土地计划在供应环节明确各类国有建设用地的规模和比例关系;将集约用地水平作为管理与考核的重要方面,在新增建设用地消耗中提出"单位 GDP 耗地下降率"、"单位 GDP 增长消耗新增建设用地量"、"单位固定资产投资消耗新增建设用地量"三项量化指标;水资源管理也在总量控制基础上,加大对于用水效率的管控,将其作为一项作用的管理和考核指标。围填海计划管理也应用在现有的以规模管控为主的基础上,增加对于交通运输、工业、旅游娱乐、农渔业等不同用海类型的结构调控,优化各产业用海的供应结构;同时通过设置围填海投资强度、围填海投资效益等调控指标,对资源利用效率高的地区在围填海计划指标下达中予以适当倾斜,从而进一步优化围填海资源供给结构、促进围填海节约集约利用。

（二）定期开展基础性调查,建立低效闲置填海储备制度

围填海形成的土地是对新增建设用地的重要补充。填海造地管理与土地管理有区别也有相似之处。区别之处在于,填海造地是一种严重改变海域自然属性的用海行为,而土地资源的利用一般情况下不会对土地基本自然属性产生影响。填海造地会对自然生态环境造成更大的影响,因而管理要更加严格慎重。填海造地更加注重整体性和区域性的管理,不提倡按照单个项目需要多少土地就填多少土地,这样不仅浪费资源而且会造成环境影响效益的叠加放大。由于区域用海整体围填、开发低效甚至荒废和海陆分界线变迁形成的历史遗留问题,以及"未批先填、围而不填"等违法违规行为等各种原因,造成我国当前仍存在相当一部分围填海存量资源。2007 年起国土资源部正式实施土地储备制度,对闲置、空闲和低效利用的国有存量建设用地优先进行土地储备,在很大程度上提升了土地利用的效益。可以借鉴土地储备开发的管理经验,定期开展围填海基础性调查,建立围填海存量收储机制,对存量资源进行统一集中管理,并考虑在围填海年度计划中将存量指标单列,鼓励优先利用存量,限制新增围填海。

（三）强化考核问责机制,严格落实计划管理责任

随着行政改革简政放权的深入推进,绩效考核在行政管理中地位和作用进一步突显。从土地、水资源和矿产等行业的总量管理制度实施来看,无一不把制度执行情况的考核,作为制度建设本身的一个重要内容。围填海计划管理办法中对执行情况考核也提出了基本的要求,但除对超计划指标开展的围填海活动执行"超一扣五"的罚则外,尚未形成更加系统的、明确的考核制度,考核的效力仍有待进一步提升。当前围

填海管理日益受到社会各界的广泛关注，应从制度政策的落实、资源和生态目标的完成情况、经济社会效益、公众权益的维护等多方面，建立更加科学全面的考核制度。

三、对我国围填海管理的建议

围填海管理是一项极其复杂的工作，涉及因素众多、影响面广泛，围填海管理制度也绝非是一张一成不变、一蹴而就的完美蓝图。在不同的时代特征和社会发展环境下，围填海管理制度只有处于不断的调整、修饰、完善之中，才能为经济社会发展提供支撑保驾护航。《海域使用管理法》实施以来，经过十多年的实践，我国已建立了以"区划统筹、规划引导、计划调节、科学论证、严格审批、强化监管"为主线的较为完备的围填海管理体系，也在管理实践中取得了相当的成效。立足我国当前围填海管理的基本体系和发展特征，结合国内外有关地区和行业的经验启示，在总结围填海管理领域众多资深专家观点意见和个人在围填海管理研究中浅显体会的基础上，围绕"空间管制、严控增量、盘活存量、提升质量"四个方面，初步梳理提出进一步完善围填海管控政策体系的意见建议。

（一）规划先行引导，严格落实围填海空间管制

1. 落实海洋功能区划，确保规模和质量要求不突破

严格落实海洋功能区划对于围填海活动的规模、布局和管理要求，切实发挥各级海洋功能区划的基础性和约束性作用。做好国家、省和市县三级海洋功能区划在定位、目标、内容和实施时间等方面的衔接，科学分解逐级落实围填海规模和布局双管双控要求，确保全国统筹布局整体管控；加强对海洋功能区划编制与修改的审查报批程序和内容的要求，加强论证与评估，严格限制修改频度，严禁通过下级海洋功能区划的编制和修改，变现调整和削弱上级海洋功能区划的管控要求和力度。

2. 划定围填海红线，实施生态敏感区域限批制度

进一步理顺海洋主体功能区划和海洋功能区划的内在关系和统筹协调方式，结合海洋主体功能区划、海洋生态红线制度等要求，从近岸海域资源环境特征和生态环境承载能力等方面出发，科学划定围填海造地红线区域，对生态环境脆弱、环境污染严重湾区严格实行区域限批制度，将围填海造地完全限制于非生态敏感区域。

3. 立足海陆统筹，引导围填海区域科学合理布局

建立规划先行的制度体系，实施围填海区域先规划后落位的管理要求。立足海陆统筹，加强海岸带区域的综合规划，促进海陆生态共建、资源合力、产业联动；实施区域用海规划制度，合理布局生态、生产、生活空间，建立资源节约、环境友好、规模适度的集中开发建设区域，原则上新增围填海项目不允许规划范围外选址。

（二）强化计划管理，有序稳步控制围填海增量

1. 优化计划管理制度，统筹调控围填海节奏

科学编制、合理分配年度围填海计划，在围填海总量约束条件下，综合考虑海域

资源潜力、生态环境承载力、经济社会需求、集约化利用潜力等因素，避免棘轮效应、平均主义，把握国家宏观经济走势，发挥宏观调控作用；开展围填海计划管理制度实施调研，吸纳成熟有效的管理经验，落实生态文明建设要求，做好与存量管理、用海规划、集约化要求等的政策衔接，进一步优化围填海计划管理办法实施要求。

2. 实行区域差别化供给政策，严格管控渤海海域

对渤海海域实施最严格的围填海管控政策，建立区域性的围填海规模管控政策，适度压缩渤海区域年度围填海计划，加大开发利用效益考核，限制大规模的新增围填海活动，保护和修复渤海生态系统。

3. 落实调控目标责任，发挥地方政府主导作用

分解年度围填海计划调控目标，建立省级指标统筹安排，市县年度计划储备申报制度。落实目标责任，开展围填海计划实施全过程跟踪评价，强化对实施情况的检查与考核，明确责任主体，实施责任追究制度。

（三）加强综合整治，摸底盘活围填海存量区域

1. 建立海域资源资产核算体系，摸清填海资源储备和变化情况

开展全国围填海存量资源的基础性调查，摸清全国近期可利用的、存量的、低效开发的围填海区域。健全海域资源的价值评估和经济核算方法，建立海域资源实物账户和价值账户，编制海域资源资产负债表，实现海域资源的资产化和商品化，动态掌握我国围填海资源储备和使用变化情况，定期公布海域资源账户核算结果。

2. 开展闲置低效区域整治挖潜，逐步建立用海退出机制

建立闲置低效围填海"退出"机制，加强对已批准确权围填海项目的后期管理，对于取得海域使用权证书后规定时间内未开发利用、建设资金长期不到位、开工后无故停工建设进度缓慢而形成的长期闲置海域，由政府回收，优先实施招拍挂；对荒芜、废弃、低效利用滩涂区域进行集中整理，引导围填海项目优先在该区域布局。

3. 建立围填海存量管理制度，优先消化已围填区域

对已确权长期未换发土地证、区域用海规划已围填未发证、违法填海已处置未批准、海陆界线不明造成历史遗留等各类事实形成的存量围填海区域进行综合管理，研究建立存量围填海盘活与新增围填海指标的挂钩衔接机制，引导地方优先消化已围填区域。

（四）推进集约利用，大力提升围填海开发质量

1. 实施产业准入政策，引导优化产业用海结构

建立海洋产业发展引导目录，加强对产业用海方向的引导。严格禁止国家产业政策限制类、淘汰类及非海洋相关产业项目用海，合理引导海洋产业、海洋相关产业用海；优先保障国家重大基础设施、民生项目、战略性新型产业用海，严格危化品用海

审查程序，限制房地产行业用海，严禁以"圈地"为目的的单纯性围填海活动。

2. 建立填海项目控制指导标准，加强单体项目规模审查

加强建设项目用海规模控制，严格限制单体围填海项目面积，发布实施主要海洋产业围填海造地项目控制指标，推行岸线、面积、平面设计等项目审查控制指标，提高海岸线长度和海域面积使用效益。

3. 充分发挥市场作用，提高填海资源配置效率

更好地发挥市场在资源配置中的决定性作用，进一步拓展经营性围填海的实施招拍挂的地域和类别。推动海域使用权"直通车"试点，规范围填海海域使用权转让、出租、抵押等二级市场流转。

4. 动态调整使用金征收标准，合理提升用海成本

建立围填海海域使用金动态调整机制，充分考虑围填海生态补偿费用，建立与新增建设用地土地出让金变化挂钩机制，定期调整征收标准，合理提升不同用途围填海项目海域使用金。

第三章 围填海计划管理制度分析评估

行政规章及规范性文件是对行政执法活动的具体指导，其质量高低、贯彻落实程度如何事关依法行政和权利保障的实现与否。围填海计划管理是海域管理制度的重要创新。制度实施近 5 年来，在合理开发海洋资源、整顿规范围填海秩序、促进经济社会可持续发展等方面发挥了重要的作用，然而在执行过程中亦遇到新情况新问题，围填海计划管理的工作难度和政策要求进一步提高。故紧扣国家政策要求，立足管理实践，借鉴有关地区、行业评估经验，全面分析围填海计划管理制度的实施经验、存在问题和影响因素，为完善制度、改进管理提供基础依据。

第一节 分析评估的基本内容

一、分析评估的依据

2004 年国务院《全面推进依法行政实施纲要》中明确提出："规章、规范性文件施行后，制定机关、实施机关应当定期对其实施情况进行评估。"2010 年国务院在《关于加强法治政府建设的意见》中进一步提出："积极探索开展政府立法成本效益分析、社会风险评估、实施情况后评估工作。"2014 年以来，党的十八大作出全面推进依法治国的重大战略部署，对于深入推进依法行政、加快建设法治政府提出了更加明确具体的要求。近年来，行政规范性文件后评估已逐步成为政府内部改革的重要举措。

二、分析评估的对象

2009 年 11 月，由国家发改委和国家海洋局联合印发的《关于加强围填海规划计划管理的通知》文件中，首次提出"实施围填海年度计划管理"。2011 年 12 月，两部门再次联合印发《围填海计划管理办法》（发改地区〔2011〕2929 号），至此围填海计划管理制度正式实施。因此，对围填海计划管理制度的分析评估，应立足于《围填海计划管理办法》，对围填海计划编报、下达、执行与监督考核的管理程序和管理要求及其实施情况开展全面的分析评估，从而掌握《围填海计划管理办法》实施取得的经验成效，遇到的主要障碍和存在的问题，以及是否满足当前客观现实的需要，是否符合办法制定的初衷等。

三、分析评估的内容与标准

《围填海计划管理办法》分析评估的内容包括两大类。一是该制度的政策分析，主要包括合法性、合理性、协调性、规范性、可操作性 5 个方面。二是该制度的实施情况分析，主要包括围填海计划指标执行情况、地方配套政策出台情况、制度实施的成效、制度实施中发现的问题 4 个方面。具体的评估内容与标准如下。

（一）制度的政策分析

1. 合法性分析

分析制度的各项规定是否符合基本规则和有关上位法的规定，设定的各项权利义务是否符合法律的基本原则和基本规则，是否符合国家的有关方针政策。

2. 合理性分析

分析制度的各项规定是否符合公平、公正原则；规定的措施和手段是否适当、必要，体现了权利与责任相统一的原则；规范性文件内容的设定是否和予以规范行为的事实、性质、情节以及社会影响程度等相匹配。

3. 协调性分析

分析制度确定的各项规定之间是否相互关联，与同位阶的规章、规范性文件之间是否能够有效衔接。

4. 规范性分析

分析制度的概念界定是否明晰，条文表述是否准确规范简洁，逻辑结构是否严密合理，且便于理解执行。

5. 可操作性分析

分析制度的各项措施是否具有可行性，是否易于操作。具体包括：程序设计是否正当、明确、简便、易于操作，是否便于公民、法人和其他组织遵守，实施机制是否完备，相关配套制度是否落实等。

（二）制度实施情况分析

1. 围填海计划指标执行情况分析

以第一手数据资料为出发点，分析制度实施以来建设用和农业用围填海计划指标使用情况的年度演化态势、区域分布情况和填海主要用途等，围填海活动是否符合制度要求，盲目无效的围填海行为是否得以有效遏制。

2. 地方配套政策出台情况分析

分析沿海省（自治区、直辖市）对于制度的宣传贯彻情况，地方相关配套政策的出台情况和执行力度，配套政策对制度的细化情况以及地方特点的补充考量情况等。

3. 制度实施的成效分析

分析制度实施后是否有效解决了实际问题，是否达到了文件颁布的预期目的，是否对经济、社会、环境等各方面起到了积极正面的影响。

4. 制度实施中发现的问题

分析总结制度实施过程中遇到的主要障碍和存在的主要问题及其成因，为制度的修订与细化提供基本的切入点。

四、分析评估的流程与方法

（一）分析评估的流程

综合使用制度梳理、专题调研、数据资料分析、典型案例研究等手段，开展围填海计划管理制度的分析评估工作。

1. 制度梳理

收集整理有关的部门规章和规范性文件、地方政府出台的围填海管理相关文件等，以此为基础，详细梳理围填海计划管理的地位和作用、计划指标分类、计划指标编制、下达与调剂、围填海计划执行流程，以及与建设项目立项管理、海洋功能区划、区域用海规划、土地利用计划等的衔接关系。

2. 专题调研

广泛收集基层一线工作人员的主要意见，整理地方在招拍挂项目、区域用海规划内登记项目等的围填海计划指标执行程序中的实践经验，以及指标编制考核等方面的先进做法，选择典型地区开展专题走访调研。

3. 数据资料分析

利用围填海计划管理台账和围填海计划报表等途径，收集整理分析制度实施过程中的有关数据资料，运用专业统计分析方法和模型，进行量化分析研究。

4. 典型案例研究

通过专题调研与数据资料分析等方式，发现管理实践中的典型案例，进行整理分析，总结具有普遍性和规律性的经验教训，并提炼上升为典型经验。

（二）分析评估的方法

对《围填海计划管理办法》的分析评估，应采用定性与定量分析相结合的方法。定性分析是根据现有资料和经验，主要运用演绎、归纳、类比以及矛盾分析的方法，对事物的性质进行分析研究。定性分析主要从实地调查收集资料，通过选择能代表事物本质特征的典型进行研究而获得结论。定性分析可以较快地从纷繁复杂的事物中找出其本质要素。但由于定性分析忽略了同类事物在数量上的差异，结论多具有概貌性，并带有一定程度的主观成分，因此不容易根据定性分析的结论来推断所涉及的社会经济现象的总体。定量分析是研究经济现象的数量特征、数量关系和发展过程中的数量变化的方法。定量分析可以为认识经济现象提供量的说明，可以反映事物总体的数量情况。定量分析是现代统计调查分析的主要方法。但定量分析也有一定的局限性，只有把定量分析与定性分析结合起来，同时要善于进行系统分析，才能形成完整的、科学的分析评估结论。

第二节　现行制度的实证分析

一、制度的政策分析

（一）合法性分析

《围填海计划管理办法》符合国家有关方针政策，《围填海计划管理办法》各条款符合《海域使用管理法》、《全国海洋功能区划》等有关上位法律法规与文件的规定。

1. 符合《海域使用管理法》的有关条款

国家对围填海实施最严格的管理制度。《海域使用管理法》在总则部分，就明确提出"国家严格管理填海、围海等改变海域自然属性的用海活动"，为围填海计划管理制度的制定实施提供了基础的法律依据。

2. 符合《全国海洋功能区划》的有关规定

2012 年 3 月 3 日，国务院正式批复《全国海洋功能区划（2011—2020 年）》。区划要求，创新和加强围填海管理；按照适度从紧、集约利用、保护生态、海陆统筹的原则，制定全国围填海计划，并按程序纳入国民经济和社会发展年度计划。严格执行围填海计划。围填海计划指标实行指令性管理，不得擅自突破。《围填海计划管理办法》第七条提出，将海洋功能区划作为围填海计划指标建议编报的重要依据；第九条提出，将海洋功能区划作为全国围填海计划指标和分省方案建议编制的重要依据。

（二）合理性分析

《围填海计划管理办法》对于围填海计划编制、报批、下达、执行和监督等程序规定基本合理。经对实践工作调研，认为在合理性方面主要存在以下问题。

1. 尚未与土地利用计划管理建立紧密衔接关系，不利于推动海陆统筹协同发展

围填海形成的土地资源是新增建设用海的重要来源，围填海计划管理和土地利用年度计划管理的有效衔接是统筹海陆资源利用，强化围填海管理的重要基础。虽然，《关于加强围填海造地有关问题的通知》中提出："国土资源主管部门在编制土地利用年度计划时，应统筹考虑围填海计划。海洋主管部门编制围填海计划要与土地利用年

度计划做好衔接。国家海洋局负责提出全国围填海年度总量建议和分省方案，经商国土资源部与土地利用计划衔接后，报送国家发展改革委"，"建设使用农用地和未利用地计划指标，与建设使用围填海造地计划指标，不交叉使用，分别进行统计和考核"，明确了土地利用年度计划和围填海计划指标彼此独立，但《围填海计划管理办法》和《土地利用年度计划管理办法》，均未对围填海计划与土地利用年度计划在编制、下达与使用等层面的衔接要求做出具体规定，不利于推动海陆优势互补、协同发展。

2. "省级海洋行政主管部门不再向下分解下达计划指标"（部分条款），不完全适应简政放权、创新管理的要求

对于计划指标的下达与安排，《围填海计划管理办法》第十一条规定："省级海洋行政主管部门不再向下分解下达计划指标"；第十二条规定："省以下（含计划单列市）海洋行政主管部门出具用海预审意见前，应当取得省级海洋行政主管部门安排围填海计划指标及相应额度的意见"。

《围填海计划管理办法》对指标下达及安排权限的设定，应该是以《国务院办公厅关于沿海省、自治区、直辖市审批项目用海有关规定的通知》中"填海（围海造地）50公顷以下（不含本数）的项目用海，由省、自治区、直辖市人民政府审批，其审批权不得下放"的规定为出发点。然而，随着政府机构改革全面开展，简政放权不断深化，地方海域综合管理试点政策也逐步推出。《海南省实施〈中华人民共和国海域使用管理法〉办法》第十一条规定："27公顷以下的围填海项目由沿海市、县海洋行政主管部门受理、审核，报沿海市县政府批准。"2014年，江苏省人民政府制定的《南通陆海统筹发展综合配套改革试验区总体方案》上报批准，依据方案精神，10公顷以内建设项目用海审批权限由省下放到南通市。与此同时，由于多数沿海区域海洋开发势头不减、用海需求旺盛，省级统筹协调的管理难度较大，市级海域管理部门参与围填海计划管理的意愿明显。2013年以来，浙江省探索实施了建设用围填海计划下达指标预分解制度。对年度下达的省级指标，除预留省统筹指标外，其余预分解到台州、舟山、嘉兴和温州四市，近两年指标执行率和围填海管理情况良好。

从实践经验来看，部分地方创新管理制度与"省级海洋行政主管部门不再向下分解下达计划指标"的规定不适应，但在客观上促进了指标的合理安排和有效使用。

（三）协调性分析

《围填海计划管理办法》各条款之间衔接一致，与同位阶的规范性文件间衔接较好，但与《区域建设用海规划管理办法（试行）》、《国家发展改革委 国家海洋局关于加强围填海规划计划管理的通知》（发改地区〔2009〕2976号）文件的部分规定协调性尚有待加强。

1. 区域用海规划范围内单宗围填海项目的指标执行程序与《区域建设用海规划管理办法（试行）》等衔接不够密切

2016年1月，国家海洋局印发《区域建设用海规划管理办法（试行）》，同时废止2006年印发的《关于加强区域建设用海管理工作的若干意见》。区域建设用海规划

的管理制度产生较大幅度的调整，突出表现为明确提出"经批准的规划内所有用海活动要依法取得海域使用权后方可实施。要合理安排开发时序，节约集约利用海域资源，严禁圈占和闲置海域。凡涉及围填海的，应纳入围填海计划管理"。同时要求，将"规划的填海规模是否具备围填海计划指标安排条件，以及实施期间的年度安排计划"作为省级海洋主管部门对区域用海规划审查的重要内容。但在《围填海计划管理办法》中尚未在年度计划指标编报、区域用海规划内登记项目的指标安排等环节做出具体的衔接性的规定。

2. 备案制项目指标管理程序与《关于加强围填海规划计划管理的通知》有关规定不完全一致

对于备案制项目的指标使用，《围填海计划管理办法》第十二条第二款规定："实行备案制的涉海工程建设项目，必须首先向发展改革等项目备案管理部门办理备案手续，备案后，向海洋行政主管部门提出用海申请，取得省级海洋行政主管部门围填海计划指标安排意见后，办理用海审批手续。"即，涉海工程建设项目先备案，后申请用海指标。《关于加强围填海规划计划管理的通知》规定"用海预审意见是审批建设项目可行性研究报告或核准项目申请报告的必要文件。凡未通过用海预审的项目，不安排建设用围填海年度计划指标，各级投资主管部门不予审批、核准（备案）"。即，涉及填海造地的备案制项目应先安排指标，后备案。

为充分发挥市场配置资源的基础性作用，转变政府投资管理职能确立企业投资主体地位，2004 年国务院印发《关于投资体制改革的决定》（国发〔2004〕20 号），将国家投资管理分为审批、核准和备案三种方式。审批制只适用于政府投资项目；核准制适用于《政府核准的投资项目目录》内的企业投资的重大项目和限制类项目；《政府核准的投资项目目录》以外的企业投资项目，一律实行备案管理。备案制项目由企业自主决策，但需向有关政府部门提交备案申请，履行备案手续后方可办理其他手续。

对于实行备案制的企业投资项目的审批程序，《国务院办公厅关于加强和规范新开工项目管理的通知》（国办发〔2007〕64 号）予以明确规定："实行备案制的企业投资项目，项目单位必须首先向发展改革等备案管理部门办理备案手续，备案后，分别向城乡规划、国土资源和环境保护部门申请办理规划选址、用地和环评审批手续。各级发展改革等项目审批（核准、备案）部门和城乡规划、国土资源、环境保护、建设等部门都要严格遵守上述程序和规定，加强相互衔接，确保各个工作环节按规定程序进行。对未取得规划选址、用地预审和环评审批文件的项目，发展改革等部门不得予以审批或核准。对于未履行备案手续或者未予备案的项目，城乡规划、国土资源、环境保护等部门不得办理相关手续。"

《海域使用权管理规定》（国海发〔2006〕27 号）等海域审批管理的规范性文件中未明确提及备案制项目的用海预审程序。参照《国务院办公厅关于加强和规范新开工项目管理的通知》对于用地审批程序的规定，结合当前海域管理的实践经验，建议采纳《围填海计划管理办法》第十二条第二款的规定，对于备案制项目，先办理备案手续，后申请用海指标。

3. 超计划指标的处罚措施与《关于加强围填海规划计划管理的通知》的有关规定不完全一致

对于超计划指标的处罚措施，《围填海计划管理办法》第十九条规定："超计划指标进行围填海活动的，一经查实，按照'超一扣五'的比例在该地区下一年度核定计划指标中予以相应扣减"。《关于加强围填海规划计划管理的通知》规定"对地方围填海实际面积超过当年下达计划指标的，相应扣减该省（区、市）下一年度的计划指标。对于超计划指标擅自批准围填海的，国家海洋局将暂停该省（区、市）的区域用海规划和建设项目用海的受理和审查工作"。

从《围填海计划管理办法》规定和管理实践来看，超计划指标存在以下三种情况：

其一，年度安排围填海计划指标总额度超过下达指标（含追加指标）。《围填海计划管理办法》规定的"超一扣五"应界定到此种情况。

其二，地方实际填海面积超过当年下达计划指标（含追加指标）。考虑到计划管理办法中，项目通过用海预审相当于取得计划指标，与地方当年实际填海面积存在很大差异，且预审只是开展用海工作的前期"路条"，只能说明项目建设初步通过了海洋行政主管部门的审查，项目能否真正落地实施还受到发改、环保、规划、交通等部门意见左右及产业政策、经济周期、货币政策、市场环境等诸多因素影响，存在不确定性，故直接据此扣减下一年度计划指标的做法并不可取。

其三，未安排围填海计划指标擅自批准围填海。《办法》明确规定"围填海活动必须纳入围填海计划管理"。未安排围填海计划指标擅自批准填海的属于违法行为，应依据《行政处罚法》、《海域使用管理违法违纪行为处分规定》等的相关规定予以处罚。

4. 指标考核的频次与《关于加强围填海规划计划管理的通知》的有关规定不完全一致

对于围填海计划执行情况的考核，《围填海计划管理办法》第十八条规定："国家发展改革委和国家海洋局对地方围填海计划执行情况实施全过程监督，适时进行检查和综合评估考核，并以此作为下一年度各地区计划指标确定的重要依据。"《关于加强围填海规划计划管理的通知》规定："对计划执行情况进行登记和统计，按季度上报计划执行情况和围填海实际情况，并于每年9月份对计划执行情况进行中期检查，形成报告报国家海洋局，抄送国家发展改革委。"

两者相比，《关于加强围填海规划计划管理的通知》对指标考核频次的要求更加明确具体。为有效避免年底计划指标的集中突击填报，应加强对指标安排的检查与考评，建议沿用《关于加强围填海规划计划管理的通知》的相关要求。

（四）规范性分析

《围填海计划管理办法》概念界定清晰，语言表述准确，逻辑结构严密。经分析研究认为，在四部分内容中可能存在表述不明确，易造成理解有偏颇差异的问题。

1. "省级围填海计划指标建议规模确需增加"，表述不够清晰

《围填海计划管理办法》第四条要求"沿海各省（自治区、直辖市）发展改革部

门和海洋行政主管部门负责本级行政区域围填海计划指标建议的编报"。第八条提出"如计划指标建议规模确需增加，额度不得超过本地区前三年围填海项目审批确权年度平均规模的15%"。"计划指标建议规模确需增加"的表述不够明确，缺乏比较对象，可以理解为"计划指标建议编报后，仍需增加规模"，也可以理解为"计划指标建议规模较上一年度建议指标，需要增加规模"，或者是"计划指标建议规模较上一年度下达指标，需要增加规模"，较易引起理解偏颇。

2. "计划单列市指标单列"的含义，规定不够明确

《围填海计划管理办法》第十一条规定："国家海洋局依据全国围填海计划，向沿海各省（自治区、直辖市）海洋行政主管部门下达地方年度围填海计划指标（计划单列市指标单列），省级海洋行政主管部门不再向下分解下达计划指标。"《围填海计划管理办法》第十二条规定："省以下（含计划单列市）海洋行政主管部门出具用海预审意见前，应当取得省级海洋行政主管部门安排围填海计划指标及相应额度的意见。"根据上述条款，计划单列市指标单独下达，但不进行指标安排。但对于计划单列市指标的调剂，未明确是否必须从中央指标中进行调剂；在省级指标有富余的情况下，可否在省级指标中统筹调剂。

3. "超计划指标进行围填海活动"的内涵，界定不够清晰

《围填海计划管理办法》第十九条规定："超计划指标进行围填海活动的，一经查实，按照'超一扣五'的比例在该地区下一年度核定计划指标中予以相应扣减"。对于"超计划指标"的内涵界定不够清晰。可以理解为"年度安排围填海计划指标总额度超过下达指标（含追加指标）"、"地方实际填海面积超过当年下达计划指标（含追加指标）"、"单宗项目实际填海面积超过安排面积"、"未安排围填海计划指标擅自批准围填海"等多种含义。

4. 对于"计划年度内安排项目中止，原指标可否调整给其他项目使用"，未做出明确规定

《围填海计划管理办法》第十五条规定："计划年度内未安排使用的围填海计划指标作废，不得跨年度转用。"但对于安排年度内由于项目不能立项或用海人撤销用海申请等的原因明确项目用海中止的，能否将该项目指标调整给其他项目使用，《围填海计划管理办法》未做明确规定。

（五）可操作性分析

《围填海计划管理办法》规定的各项措施可行性较高，管理要求便于理解，较易操作。但经调研认为，《围填海计划管理办法》在可操作性与配套制度的制定与落实等方面仍有一定的改进空间。

1. 单宗用海项目批准填海面积超出安排指标的，处理意见不明确

《围填海计划管理办法》第十三条规定："核减指标为预审安排年度的计划指标，核减指标数以实际批准的围填海面积为准。"依据《围填海计划管理办法》核减指标为

实际批准的填海面积，但《围填海计划管理办法》并未对实际批准面积与安排面积不一致的情况做出进一步的规定。从目前的实践经验来看，核减指标数小于指标安排的，节余部分作废，不能转给其他项目使用；核减指标数大于指标安排的，原则上应在批准项目用海当年就超出部分进行补充安排，若两者差值很小，可根据实际情况不再另行补充安排。

2. 对于招拍挂出让海域使用权、区域用海规划内登记的项目，用海审批与指标安排核减程序未能规范衔接

招标拍卖挂牌、区域用海规划内登记与申请审批同样是取得海域使用权的重要方式。随着海域使用市场化程度不断提升，2013年以来通过招拍挂出让海域使用权的填海项目明显增多。2013年起浙江以地方立法的形式，全面推进海域使用权招拍挂。2014年，河北省出台招标拍卖挂牌出让海域使用权的管理办法。《围填海计划管理办法》未单独针对招拍挂项目设置计划指标安排与核减程序。而国家有关法律法规和政策性文件中，要求严格执行建设项目用海预审制度，但对于用海预审与招拍挂程序的衔接和先后顺序，并未做明确规定。浙江以招拍挂方式出让填海海域使用权的工作启动较早、范围较广，其基本管理程序为：以招拍挂方案确定的区域为单元整体进行指标安排，招拍挂方案批准时需取得相应的指标安排意见。海域使用权出让合同签订时进行指标核减，一个招拍挂方案中包含多个用海区块的，需对每个用海区块单独核减。

对于区域用海规划内的公共基础设施项目各地审批程序各异，国家未明确规定是否需要进行用海预审。部分地方只登记不预审，因而在项目用海批复时同步进行指标安排和核减。

应当以地方实践为基础，结合建设项目用海预审管理制度、招标拍卖挂牌出让海域使用权管理制度、区域用海规划内公共基础设施项目登记程序等的出台和完善，进一步加强招拍挂出让海域使用权、区域用海规划内登记项目用海审批与指标安排核减的衔接。

3. 计划指标建议编报仍以管理经验为主，未形成指导性规范

《围填海计划管理办法》第七条规定，围填海计划指标建议的编报应考虑海洋功能区划、海域资源特点、生态环境现状和经济社会发展需求等实际情况。但由于缺少指标编报的指导性文件或技术规范，地方政府作为经济发展的主体，必然最大限度地争取年度围填海计划指标。部分省市建议规模明显超出实际用地需求，同时为保证指标执行率"年底集中突击安排指标"、"重安排轻核减"的现象明显，未能更加有效地发挥出严格控制围填海规模、服务宏观调控与经济调节的功能。

4. 初步建立围填海计划台账管理制度，但尚不够规范细致

《围填海计划管理办法》第十七条规定，应当建立围填海计划台账管理制度，对围填海计划指标使用情况进行及时登记和统计。根据《围填海计划管理办法》要求，国家依托海域使用动态监视监测管理系统建设部署了围填海计划管理台账系统，对围填海计划指标使用情况及时进行在线的填报和统计，台账统计数据和管理情况每月报送国家海域管理部门，初步形成了围填海计划台账管理的机制。然而，目前对于围填海

计划台账管理的要求尚不够规范细致，台账管理中需逐一请示的政策性问题过多，台账管理的约束性不强，不能及时反映出指标使用的实际情况。

5. 计划指标执行情况的综合评估考核，缺乏具体的考评指标和措施

《围填海计划管理办法》第十八条规定，国家发改委和国家海洋局适时对地方围填海计划执行情况进行检查和综合评估考核，并以此作为下一年度各地区计划指标确定的重要依据。《围填海计划管理办法》确立的评估考核制度是保证围填海计划管理制度有效落实的重要手段，是使地方政府从被动接受指标约束向主动、有序科学开展填海造地转变的必要方式。但目前由于尚未建立考核评估的指标体系和具体措施，对于地方执行情况的考核并未对地方政府管理形成产生明显影响。应以国家实施计划管理的战略目标为原则，考虑从计划指标执行情况、指标落实、节约集约利用、民生保障等多个方面出发，构建考核体系，逐步实现围填海计划管理从数量控制向规模—效益双重管理转变。

二、制度实施情况分析

（一）围填海计划指标执行情况

2010年国家实施围填海计划管理制度以来，全国围填海活动得以有效控制。2010年至2015年沿海各省（自治区、直辖市）均在年度下达指标范围内进行安排和核减，未出现超计划指标使用情况，年均围填海面积呈现平缓的回落态势，有效缓解了部分地区无序无度的填海现象，遏制了盲目低效的围填海活动，规范了围填海秩序。

1. 建设用围填海计划指标执行情况

2010年至2015年间，全国共下达建设用围填海计划指标12.45万公顷，安排指标9.64万公顷，指标执行率为77.45%。

（1）分年度执行情况

围填海计划管理制度出台以来，年度下达指标总量基本稳定，分别为2010年（19 500公顷）、2011年（20 000公顷）、2012年（21 000万公顷）、2013年（21 500万公顷）、2014年（21 500万公顷）、2015年（21 000万公顷）。历年度安排使用的建设用围填海计划指标，呈现较为明显的下降趋势，2011年指标执行率最高为97.05%，2012年指标安排面积最大为19 423公顷。如图3-1所示。

（2）分地区执行情况

从地区分布来看，2010年至2015年各省（自治区、直辖市）均未出现擅自突破围填海计划指标的情况。总体来看，天津、浙江、江苏、辽宁、河北建设用围填海计划指标执行率较高，历年均维持在85%以上，计划指标的核减率也较高，围填海需求旺盛；其中，天津、河北、辽宁、广西等地2011年至2015年已安排的建设用围填海计划指标，已占到省级海洋功能区划确定的2011年至2020年期间建设用围填海控制规模的40%以上，应进一步加强围填海计划监管，强化引导填海资源节约集约利用，严格确保围填海规模总量不突破。其余，福建、广东、广西、海南等地执行率、核减率均相对

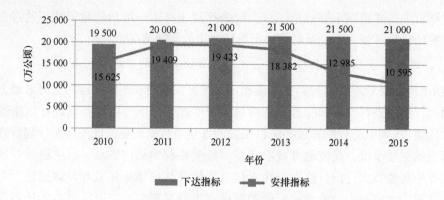

图 3-1　2010 年至 2015 年间全国建设用围填海计划执行情况统计

较低，且呈现一定的下降趋势。如图 3-2、图 3-2 所示。

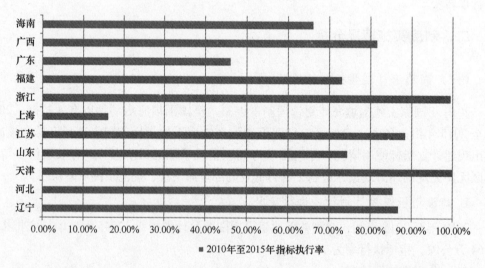

图 3-2　2010 年至 2015 年间分地区建设用围填海计划总体执行情况统计

（3）分用海类型执行情况

按照围填海用途来分类，2010 年至 2015 年安排的建设用围填海计划指标，主要为交通运输（33%）和工业（33%），用于支持沿海港口和工业园区建设。其他各类型依次为，造地工程（19%），旅游娱乐（10%）、渔业用海（4%）和特殊用海（1%）。如图 3-4 所示。

2. 农业用围填海计划指标执行情况

2010 年至 2015 年，全国累计下达农业用围填海计划指标 25 500 公顷，主要下达给高涂资源较为丰富的浙江（13 200 公顷）、江苏（5 800 公顷）、福建（4 600 公顷）和山东（1 900 公顷）四省。由于农业用围填海计划指标仅可用于发展农、林、牧业的围填海造地，不得与建设填海造地混淆，故农业用围填海计划的需求有限、总量较小。近五年间，上述四省中仅浙江安排使用了农业用围填海计划指标，共安

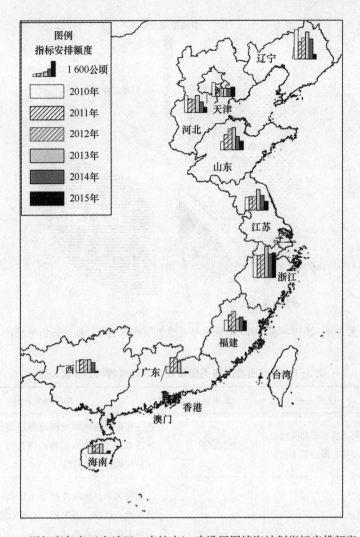

图3-3 历年度各省（自治区、直辖市）建设用围填海计划指标安排额度分布

排农业填海造地项目119宗，安排面积5 126公顷，全国农业用围填海计划指标执行率仅20.10%。

（二）地方配套政策出台情况

围填海计划管理制度出台以来，沿海地方海洋主管部门高度重视，河北、海南、浙江、广东、天津、福建等地陆续出台了一系列细化的办法要求和指导意见，进一步加大了制度的实施力度，如表3-1所示。

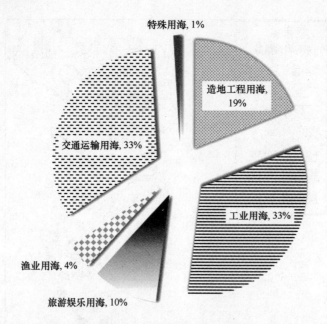

特殊用海, 1%

造地工程用海, 19%

交通运输用海, 33%

工业用海, 33%

渔业用海, 4%

旅游娱乐用海, 10%

图 3-4　2010 年至 2015 年分用海类型建设用围填海计划执行情况统计

表 3-1　地方出台的有关围填海计划管理的相关配套制度

发布时间	文件名称	发布机构	主要条款内容
2010. 5. 12	河北省关于加强建设用海管理的若干意见	河北省海洋局	进一步强调实施年度围填海计划管理。对没有年度围填海计划指标的建设项目,一律不予受理海域使用确权审批材料
2010. 7. 21	河北省建设项目用海预审管理暂行办法	河北省海洋局	①用海预审是指海洋行政主管部门在建设项目申报审批、核准、备案前,对建设项目涉及海域使用事项进行的审查 ②对于围填海建设项目,省级以下人民政府或有批准权的人民政府发展和改革部门审批、核准或备案的建设项目,由省人民政府的海洋行政主管部门预审

发布时间	文件名称	发布机构	主要条款内容
2010.7.1	关于加强海南省围填海年度计划指标管理的实施意见	海南省海洋与渔业厅、海南省发展和改革委	①强调了27公顷以下的围填海项目仍由沿海市、县海洋行政主管部门受理、审批,报沿海市县政府批准 ②指标的申请由项目所在市县海洋行政主管部门报请同级人民政府同意后,向省海洋行政主管部门提出申请。获得用海指标的项目,方可开展论证、环评工作 ③已取得年度指标的项目,预计本年度无法使用的,市县海洋行政主管部门应于10月底前向省海洋行政主管部门上缴已获准的围填海年度计划指标,由省海洋行政主管部门统筹安排;不按期上缴省海洋行政主管部门未利用围填海年度计划指标的,省海洋行政主管部门将不安排该项目下年度围填海年度计划指标
2010.8.3	关于做好围填海年度计划指标管理工作的通知	浙江省海洋与渔业局	强调了围填海年度计划指标使用原则与方案,确定了围填海年度用海计划指标报审程序。省围填海计划指标使用方向和重点为"大平台、大产业、大项目、大企业建设"、产业集聚区、重大基础设施工程或符合产业转型升级布局调整等项目
2010.10.9	广东省管理建设围填海年度计划管理制度的通知	广东省海洋与渔业局、广东省发改委	①沿海各地级以上市海洋行政主管部门组织填报下一年度本区域的围填海计划,经会签本市发展改革部门后,于10月15日前上报省海洋与渔业局 ②每年9月中旬前,省发展改革委、省海洋与渔业局组织对沿海各市项目用海(围填海)情况进行中期检查,一是检查经省政府批准的建设用围填海项目执行情况;二是了解各市国民经济和社会发展对项目用海的需求情况
2011.6.20	天津市关于进一步加强围填海项目海域使用管理有关工作的通知	天津市海洋局、天津市发改委、天津市国土资源和房屋管理局	按照围填海年度计划管理的有关要求,每半年结合项目用海需求时序,测算和编制围填海的计划,并进行动态调整,配合有关部门实行围填海总量控制
2012.6.2	福建省海洋与渔业厅关于进一步规范项目用海审批工作的通知	福建省海洋与渔业厅	为进一步加强围填海计划管理,更好地衔接投资主管部门审批、核准建设项目,对项目用海审批程序进行了调整。项目用海预申请阶段不再出具预审意见,项目用海经海域使用论证评审后,由审查机关出具用海预审意见,不再出具海域使用论证报告书的审查意见。用海预审意见抄送投资主管部门

总体来看，以上沿海地方发布的相关规范性文件均进一步强调了实施围填海总量控制，建设项目审批、核准前需取得围填海计划指标。同时，部分地方也对省级指标建议的编报、与预审程序的衔接、执行情况的检查、省级统筹安排要求等做了细化的规定，确保了制度的有效落实。

（三）规章制度实施的成效

1. 严格控制围填海总量，有效遏制了粗放盲目的填海活动

2010 年国家实施围填海计划管理以来，各地均在年度下达指标范围内进行安排和核减，未出现超计划指标使用情况。围填海计划管理制度实施以来，年均填海造地用海项目确权面积约 100 平方千米，较以往年度呈现较为平缓的回落态势，有效缓解了部分地区无序无度的填海现象，规范了围填海秩序。

2. 实施差别供给，保障了民生工程、基础设施和重大项目的用海需求

围填海计划是海域管理参与宏观调控、经济调节和履行公共服务职能的重要手段和依据。围填海计划实行总量控制，指标安排势必要进行优选，优先用于保障民生工程、基础设施建设，以及国家和省确定的重大工程建设项目。2010 年至 2015 年间由国务院及国务院有关部委审批核准的重大建设项目用海安排面积占到了总安排面积的 13%。

3. 加强建设项目用海预审，严格落实国家投资和产业政策

建设项目用海预审意见是围填海计划指标安排的重要依据。围填海计划管理制度出台以来，各地都加强了对建设项目用海的预审审核。2013 年 10 月，国务院出台了《国务院关于化解产能严重过剩矛盾的指导意见》文件，要求坚决遏制产能盲目扩张，清理整顿建成违规产能，淘汰和退出落后产能，调整优化产业结构等，并明确指出了钢铁、水泥、电解铝、平板玻璃、船舶等行业产能严重过剩。项目用海预审在进行海洋功能区划符合性、项目用海规模合理性、海域使用权属有无争议等事项的基础上，进一步加强了对于用海项目的产业类型的审查。严格落实国家投资和产业政策，对于高耗能、高排放、淘汰类建设项目、落后产能项目一律不供应指标，重点支持科技含量高、低耗能、低排放、鼓励类建设项目的填海造地用海。

（四）制度实施中发现的问题

1. 缺乏使用布局和用海效率引导，围填海经济社会效益提升尚不明显

当前沿海地区社会经济快速发展，滨海城镇、临港工业区、沿海产业基地等大规模建设对围填海造地形成强劲需求。然而，由于缺乏全局性的、海陆统筹的沿海产业布局规划，地方政府在布局产业类型、落实产业规模方面往往较为盲目，造成沿海工业园区密布、临近区域产业趋同、产能过剩，甚至引发恶性竞争。围填海计划管理制度重点在于总量控制，对于填海项目的使用布局和用海效率方面尚缺乏具体的政策性的引导。仅从填海项目的空间区位分布来看，围填海计划对引导建设项目在区域建设

用海规划内聚集的效应尚未有效发挥。据不完全统计，截至 2014 年，区域建设用海范围内有约 749 平方千米的填海区域尚未确权或安排指标，占到规划总填海面积的 65%以上。

2. 闲置围填海未得到有效重视，海域资源供给侧去库存效应尚未显现

围填海是一种严重改变海域自然环境条件的不可逆的用海活动。由于当前围填海造地与毗邻土地间的利润空间巨大，填海造地征收的海域使用金仅占毗邻土地价格的 20%~30%，在城市核心区域只占 5%~10%，以及地方建树政绩、增加财政收入利益驱动等种种因素，导致围填海管理中"围而不填、填而不建"的问题仍比较突出。个别地方实施围堰工程后，长时间未进行实际填海；对于已经填完形成土地的，入驻项目有限，无法全部进行工业或城镇开发建设，产生大量闲置的围填海资源。同时，部分 2015 年之前批准的未办理单体项目用海手续即开始实施集中围填的区域建设用海规划，以及实施行政处罚后未能复原的违法填海区域等，也是闲置围填海区域的重要来源。在当前围填海管理日益严格的形势下，地方政府作为利益主体优先申请新的海域开展围填海活动，也是利弊比较中的一种自然选择，故在一定程度上造成了围填海资源紧缺和浪费并存的局面。当前围填海计划管理制度并没有针对新增围填海和闲置围填海进行差异化的制度设计，因而在海洋资源供给侧去库存方面的效应尚未显现。

3. 年度围填海计划指标分配格局基本不变，宏观经济环境敏感度不强

从围填海计划指标下达额度来看，2010 年至 2015 年指标总量浮动较小。具体到各省、自治区、直辖市的指标分配，在年度围填海计划指标的下达总量上也在一定程度上呈现出了所谓的"棘轮效应"，即指消费习惯形成之后有一定的不可逆性，易于向上调整，而难于向下调整，尤其是在短期内其不可逆性更为明显，习惯效应较大。从 2010 年至 2015 年，各省（自治区、直辖市）年初下达的计划指标分配格局基本不变，总体上都呈现与往年基本持平的态势，并未与国家宏观经济走势和产业政策产生明显的相关关系。从另一方面来看，指标实际安排和使用情况，各地区间及年度间实际使用情况存在明显差异。特别是 2014 年与 2015 年，广东、广西、海南指标执行率明显偏低，而天津、江苏、浙江的执行率则仍居高不下。

4. 指标核减进度总体偏慢，围填海项目实际落地情况有待加强核查

2010 年至 2015 年，围填海计划指标执行率总体较高，但计划指标的实际核减进度较慢且核减率偏低。2010 年和 2011 年围填海项目批准时，同步进行指标安排和核减，故核减率为 100%。截至 2015 年 6 月，2012 年、2013 年和 2014 年度安排的计划指标，实际核减率分别为 68.79%、44.51% 和 15.82%。按照"预审意见有效期两年"的管理要求，2012 年度和 2013 年度安排项目如不进行预审意见延期，排除其他管理特例情况，安排指标将作废，实际成为无效指标。因而有必要进一步加强对于围填海项目实际落地情况的摸底核查，保证指标实际落地，有效合理使用。

三、制度分析评估结论

从政策分析的角度来看，《围填海计划管理办法》中概念内涵界定明确，语言表述

准确，逻辑结构严密，与上位法、同位法、本身条款之间基本衔接一致；计划指标的编制、报批、下达、执行和监督的程序规定较为明确合理。制度实施情况总体良好，地方严格执行，并出台一系列指导意见推进落实，有效遏制了围填海规模增长过快、利用方式粗放的趋势，通过总量控制、有保有压、严格审查，有效参与了国民经济宏观调控。但是，《围填海计划管理办法》的规定较为原则化，具体操作中仍缺乏对实施环节的指导和奖罚措施落实的约束，主要表现在：备案制项目指标使用与项目用海程序的衔接不够明确，缺乏招拍挂出让海域使用权和区域用海规划内登记项目指标使用的具体程序，围填海计划指标建议编报和计划执行情况考核缺乏抓手，执行力度有待增加等方面；另外，《围填海计划管理办法》在"超计划指标"、"计划单列市指标单列"、"围填海计划指标建议规模确需增加"等方面的界定不够严密；对计划安排内安排项目中止，指标的处理情况也未做明确规定。

从制度落实情况来看，《围填海计划管理办法》出台以来，各地严格落实，发挥了计划管理的调控作用，取得了明显的成效。但仍存在着年底集中安排、实际核减面积较小，农业用指标执行率普遍偏低、对于沿海产业和空间布局的引导尚未显现等问题。

综上所述，《围填海计划管理办法》总体上适应当前我国围填海管理的形势和要求，但针对政策分析和制度落实中的难点问题与主要障碍，仍需进一步完善和细化管理要求，保证规章制度的规范性和可操作性。

第三节　完善现行制度的相关建议

在剖析《围填海计划管理办法》的内容，评价制度落实情况，总结实施中的经验与不足，归纳提炼地方意见和先进做法的基础上，通过深入调查研究后，建议以修订《围填海计划管理办法》个别条款、制定《围填海计划管理办法实施细则》、编制围填海计划台账管理工作指南等形式，进一步明确和细化管理要求，保证制度有效落实。

一、细化现行制度

按照以下原则，对现行制度进行细化。

1. 坚持法制统一，做好与有关制度规范的有效衔接

加强建设项目用海预审、公共基础设施用海登记、招拍挂出让海域使用权等相关管理政策的设计，《围填海计划管理办法》应与相应法律法规及政策性文件的最新要求相衔接，保证政策层面的规范性和一致性。

2. 坚持与时俱进，吸纳管理实践中成熟可行的做法

在符合法律规定的前提下，充分吸纳地方在围填海计划管理中探索的成熟经验和可行做法，将有利于《围填海计划管理办法》执行落实的部分制度化。

3. 坚持适用可行，规范实施操作的具体流程和要求

增加制度的可操作性，规范指标建议编报、计划执行情况考核等具体操作的流程和要求，使政策落实和考核更加具体可行，易于操作。

二、修订《围填海计划管理办法》

根据评估分析结论，建议修订《围填海计划管理办法》中的如下内容。

1. 增加对于围填海使用方向和空间布局调控方面约束和引导要求

在当前规模管控的基础上，进一步强化对使用方向和空间布局的引导，实施计划差别化、管理精细化。一方面，合理引导计划指标使用方向，确保围填海计划指标向公共基础设施、民生建设、战略性新兴产业、高新技术，以及国家产业政策支持的领域倾斜，从而推动经济结构调整和经济发展方式转变；另一方面，加强与区域用海规划的衔接，引导产业用海向集中连片填海区域聚集，鼓励优先安排存量围填海，加强围填海科学布局、集约节约利用。

2. 取消省级海洋行政主管部门不再向下分解下达计划指标的硬性约束，可对全省指标进行统筹分配

《围填海计划管理办法》要求"省级海洋行政主管部门不再向下分解下达计划指标"，其出发点主要是基于省级以下海洋行政主管部门不具备填海项目的审批权限。为配合海域综合管理试点工作推进，落实简政放权政策，充分调动基层海域管理部门的积极性，不再对省级围填海计划指标是否分解进行硬性约束。省级海洋行政主管部门可对全省年度围填海计划指标进行统一管理；也可根据管理需求，经综合考虑后预分解到所辖地市，并预留省本级指标用于省级立项项目的指标安排和全省指标的统筹使用。进行年度全省（自治区、直辖市）围填海计划指标预分解的，需将有关情况上报国家海洋行政主管部门备案。

3. 明确计划安排年度内中止的围填海项目，其指标可在当年调整给其他项目使用

目前《围填海计划管理办法》对计划指标安排给具体项目后，项目不能立项或未获审批的，原安排指标处理方式未做出明确规定。为避免计划指标浪费与不足现象并存，保证地方安排如实上报指标安排情况，经调研分析建议按照如下原则处理：计划指标安排给具体项目后，如在指标安排年度内因不能立项或未获审批等原因项目中止的，则原安排指标可在计划年度内调整给其他项目使用；如指标安排后跨年度项目中止的，原安排指标作废。

4. 加大围填海计划执行情况考核管理的力度，细化考核的频次与要求

综合《关于加强围填海规划计划管理的通知》和《围填海计划管理办法》两个政策性文件的要求，建议进一步加大围填海计划执行情况考核管理的力度。国家发展改革委和国家海洋局对地方围填海计划执行情况实施全过程监督，并于每年 9 月份和次年 1 月份组织开展围填海计划执行情况中期检查和年度检查。检查和综合考核结论，

将作为下一年度各地区计划指标确定的重要依据。

三、制定《围填海计划管理办法》实施细则

在《围填海计划管理办法》修订的基础上，建议进一步细化管理要求和具体流程，制定办法实施的具体细则，重点明确如下问题。

1. 理顺用海预审与项目审批（核准、备案）的衔接关系

实行审批制和核准制的用海项目，严格执行项目用海预审前置规定。在向发展改革等项目审批、核准部门报送可行性研究报告、项目申请报告时，应当附同级人民政府海洋行政主管部门对其海域使用申请的预审意见。项目用海预审程序应符合《海域使用权管理规定》等相关法规要求，预审意见文件中必须有"同意从××年度指标中为××项目安排××公顷的建设用（或农业用）围填海计划指标"的明确意思表达。

实行备案制的涉海工程建设项目，必须首先向发展改革等项目备案管理部门办理备案手续，备案后，向海洋行政主管部门提出用海申请，取得省级海洋行政主管部门围填海计划指标安排意见后，办理用海审批手续。指标安排文件可以是印发给相对人的用海预审意见，也可以是给下级海洋部门的指标安排的回复意见，但是不得以局长办公会议或审核会等内部会议纪要的形式安排指标。文件中必须有"指标安排意见文件有效期两年"，以及"同意从××年度指标中为××项目安排××公顷的建设用（或农业用）围填海计划指标"的明确意思表达。

2. 规范招标拍卖挂牌出让海域使用权的指标安排核减程序

招标拍卖挂牌方式出让填海海域使用权应当纳入年度围填海计划指标管理。规范招标拍卖挂牌出让海域使用权的指标使用程序，严格执行前置预审规定，严禁以招拍挂出让海域使用权为名规避用海预审，不得在无实际用海需求、尚未编制出让方案的情况下，随意安排年度围填海计划指标；严禁以先行签订海域使用权出让合同等代替用海预审意见。

规范招标拍卖挂牌出让海域使用权的指标安排核减的基本程序如下：海域使用权出让人编制海域使用权的招标拍卖挂牌出让方案（以下简称"出让方案"）。出让方案中可包含一个或多个宗海区块，应确定每个区块的出让海域的界址、面积、用海类型、用海方式、年限、出让方式等相关要求。编制出让方案前应取得海洋主管部门用海预审意见。预审意见应明确同意出让方案中安排围填海计划指标及相应额度。投标人或竞买人可参加一个或多个宗海区块的招标拍卖挂牌活动。中标人或竞得人与出让人签订海域使用权出让合同后，海洋主管部门分别对相应的宗海区块予以核减。海域使用权出让合同作为指标核减文件，指标核减时间为合同签订日期。

3. 确定区域用海规划内公益性登记项目的指标安排核减程序

区域用海规划内只进行海域使用权登记不发放海域使用权证书的公益性用海项目，依据地方管理规定不进行项目用海预审和审批的，可在项目用海批复时，同时进行围填海计划指标的安排与核减。其项目用海批复文件应有"同意从××年度指标中为××项

目安排并核减××公顷的建设用（或农业用）围填海计划指标"的明确意思表达。

4. 强调计划单列市指标使用规定

按照《围填海计划管理办法》规定，计划单列市指标单列，计划单列市发展改革部门审批（核准、备案）的用海项目，应由省级海洋行政管理部门安排并核减计划指标。建议在《围填海计划管理办法》基础上进一步强调：计划单列市指标确需追加的，需会同发展改革部门联合向国家发展改革委和国家海洋局提出书面追加指标申请。由计划单列市及其下辖人民政府或其投资管理部门立项的用海项目，应占用计划单列市指标，不得直接或变相使用省级围填海计划指标。计划单列市指标范围内用海项目的安排与核减，可在征得省级海洋行政主管部门认可后，由计划单列市海洋行政主管部门代为执行。

5. 明确指标核减额度与安排额度不一致的处理意见

依据《围填海计划管理办法》规定：核减指标为预审安排年度的计划指标，核减指标数以实际批准的围填海面积为准。经调研分析，建议对指标核减额度与安排额度不一致的情况做出如下处理：

对于核减指标数大于指标安排的，应在批准项目用海当年就超出部分另行安排指标。补充安排指标占用核减年度的计划指标。同一用海项目不得多次补充安排指标。对于核减指标数小于指标安排的，节余部分作废，不能转给其他项目使用。

四、规范围填海计划台账管理工作

围填海计划台账管理系统是指对围填海计划指标安排使用情况进行登记统计，是计划指标跟踪管理与执行情况考核的基础依据。应在《围填海计划管理办法》修订和出台实施细则的基础上，明确围填海计划管理台账管理要求和系统填报数据要求，并制定《围填海计划台账管理工作指南》。

1. 明确围填海计划台账管理要求

建立围填海计划台账专人负责制度。建议建立国家和 11 个沿海省、自治区、直辖市，以及计划单列市围填海计划台账管理联络人员名单，具体负责台账系统填报和管理，并报国家海洋局主管业务司备案。联络人员原则上应为负责围填海工作的行政管理人员。

建立台账管理系统填报情况报告与有关问题请示制度。围填海计划台账管理系统中经检查疑似存在问题，且根据《围填海计划管理办法》及实施细则等政策文件，无法得出明确处理结论的用海项目，由国家技术支撑部门统一汇总后，于每月 5 日前以书面形式上报国家海洋局主管业务司进行请示。对于影响用海项目后续审批和证书发放等管理工作的情形，应按照"一事一报"的原则及时请示。国家技术支撑部门于每月 5 日前整理分析上月围填海计划台账数据，编制围填海计划台账数据检查情况月报，并上报国家海洋局主管业务司，便于及时掌握围填海计划执行情况和计划管理政策落实中存在的具体问题。

建立台账管理系统填报情况公示制度。每月 5 日前，对 11 个沿海省、自治区、直辖市及计划单列市围填海计划台账数据填报情况进行公示，并将地方填报情况纳入围填海计划执行考核体系，督促地方及时通过系统进行围填海计划台账数据填报。

进一步明确台账管理系统数据填报工作要求。国家海洋局和省级海洋行政主管部门是围填海计划指标安排与核减的责任单位。经省级海洋行政主管部门认可后，计划单列市海洋行政主管部门可在计划单列市指标范围内，进行本级指标安排数据的填报。围填海计划台账数据填报应及时、完整、准确。计划指标安排后 5 个工作日内，填报围填海计划指标安排数据，上传项目用海预审意见或指标安排意见原件的扫描件；计划指标核减后 5 个工作日内，填报围填海计划指标核减数据，上传项目用海批复文件原件的扫描件。

进一步明确台账管理系统数据检查工作要求。围填海计划台账数据填报后 3 个工作日内，由国家技术支撑部门通过自动和人工相结合的方式，对填报数据进行逐项检查，并通过系统软件反馈检查结论与修改要求。检查内容包括：基本信息是否完整、准确、规范、符合逻辑，并与上传附件资料一致；上传附件是否规范，符合管理程序，并为原件扫描件；填报项目是否符合审批和指标使用权限；填报项目是否与台账中已有项目重复；其他相关内容。检查结论分为已通过、待修改、待请示三种。未进行指标安排或核减，指标安排或核减处于"待修改"和"待请示"状态的项目，系统软件限制开展后期海域使用权申请工作。

2. 制定台账管理系统填报技术要求

按照《围填海计划管理办法》修订和实施细则的条款内容，具体明确围填海计划台账管理系统中指标安排、核减、补充安排、项目中止、统计等各环节的填报和检查的具体数据项，以及各数据项的含义、是否必填、阈值设定与修改要求等方面的内容。

第四章　围填海计划总量测算方法研究

为合理控制围填海规模，国家对围填海实施总量控制。年度围填海计划总量由国家根据海洋功能区划、海域资源特点、生态环境现状和经济社会发展需求等实际情况，按照适度从紧、集约利用、保护生态、海陆统筹的原则确定。开展围填海总量测算，分析影响围填海开发利用活动的主导因素和制约因素，定量计算"十三五"时期各省（自治区、直辖市）的围填海控制规模，为科学确定围填海计划规模、完善围填海计划管理提供技术支撑和数据依据。

第一节　总量测算的基本要求

一、总量测算目标

围填海按用途主要分为建设用和农业用两大类。农业用围填海主要集中在滩涂资源较为丰富的浙江、福建等地，且开垦总规模较小，故围填海总量测算主要面向建设用围填海总量。以全国海洋功能区划（2011—2020 年）确定的建设用围填海控制规模为基础，综合考虑各方面的影响因素合理控制围填海规模，从数据资料可获取性、技术方法可行性等角度出发，结合"十二五"期间围填海实施情况，分析研究"十三五"期间分省的围填海规模确定方法，以及各年度围填海规模控制规模的分解技术方案。

二、总量测算的基本原则

（一）确保海洋功能区划刚性约束不突破

发挥海洋功能区划统筹协调作用，落实功能和规模双管双控要求。以各省（自治区、直辖市）海洋功能区划确定的建设用围填海控制规模为基础，进一步优化分解围填海控制指标，严格确保海洋功能区划刚性约束不突破。

（二）以海域资源环境承载力为基础，保障可持续开发

落实海洋生态文明建设实施要求，以节约资源和保护环境为根本出发点，充分考虑海岸线和海域空间资源状况，以及海洋环境和海洋生态系统保护要求，合理控制围

填海规模，确保海域资源可持续开发利用。

（三）以科学引导社会经济发展需求为目标，促进集约节约利用

从经济和社会发展的客观要求出发，在资源环境条件约束下，有效保障"十三五"期间国家重点基础设施、产业政策鼓励发展类项目和民生领域项目用海需求；实施差别化的海域资源供给，优化其他行业领域用海需求，适度压缩单位产值围填海资源消耗量，促进资源集约高效利用。

（四）坚持以人为本的基本理念，保障公众亲海用海权益

落实以人为本的管理理念，充分尊重和保障社会公众关心海洋、关注海洋、亲近海洋的权益，考虑畅通海洋舆论渠道、降低海洋灾害风险、满足人民群众海洋休闲娱乐的需求等因素，科学管控围填海活动。

第二节　总量测算的影响因素分析与筛选

一、影响因素分析

由于围填海活动的特殊性，影响围填海总量的因素较多，主要从海洋区划规划、海域资源禀赋、生态环境状况、经济增长需求、社会发展保障、公众利益维护6个方面出发，在考虑数据资料可获取性的基础上，初步选定27个影响因素。

（1）海洋区划规划方面：建设用围填海控制规模、农渔业区面积、旅游休闲娱乐区面积、工业与城镇用海区面积。

（2）海域资源禀赋方面：管辖海域面积、海岸线长度、滩涂与浅海资源、可开发自然岸线长度。

（3）生态环境状况方面：海水环境质量、海洋保护区面积、海洋生态红线。

（4）经济增长需求方面：国民经济生产总值（GDP）、海洋经济总产值（GOP）、固定资产投资、土地出让价格。

（5）社会发展保障：耕地面积、常住人口、城镇就业人数、涉海就业人数、新增建设用地、科学研究投入、环保投入。

（6）公众利益维护：公众亲海需求、海洋公园数量、海洋灾害频次、海洋灾害经济损失、公众监督关注度。

二、影响因素筛选方法

综合运用灰色关联度、回归分析等方法，开展影响因素与围填海规模间的关联度分析，对上述初步选定的影响因素进行二次筛选。

（一）回归分析法

回归分析法是确定两种或两种以上变量间相互依赖的定量关系的一种统计分析方法。分别设各类影响因素为自变量，围填海面积为因变量，开展一元线性回归分析。

1. 确定回归模型

$$Y = a + bX + \varepsilon$$

其中，Y 是因变量；X 是自变量；ε 是误差项；a 和 b 为回归系数。

2. 求出回归系数

用最小二乘法估计法求回归系数，设服从正态分布，分别求对 a、b 的偏导数。

3. 相关性检验

代入回归系数 a 和 b，得出回归方程。求判读系数 r_2，对回归模型进行相关性检验，取值范围为 0~1 之间，r_2 越趋近 1，说明回归方程拟合越好，反之，拟合越差。进行回归方程的 F 检验和 t 检验，分析相关性的显著程度。

（二）灰色关联度法

回归分析法是一种通用的分析方法，但更侧重于对少因素的、线性的分析，对于多因素、非线性的处理难度较大。故在回归分析法的基础上，进一步选取了灰色关联度法进行影响分析。灰色关联度法是将研究对象及影响因素的因子值视为一条线上的点，与待识别对象及影响因素的因子值所绘制的曲线进行比较，比较它们之间的贴近度，并分别量化，计算出研究对象与待识别对象各影响因素之间的贴近程度的关联度，通过比较各关联度的大小来判断待识别对象对研究对象的影响程度。

1. 确定反映系统行为特征的参考数列和影响系统行为的比较数列

反映系统行为特征的数据序列，称为参考数列。影响系统行为的因素组成的数据序列，称比较数列。文中参考数列选择围填海面积数列，影响因素作为比较数列。

2. 对参考数列和比较数列进行无量纲化处理

由于各影响因素的物理意义不同，导致数据的量纲也不相同，在比较时难以得到正确的结论。因此在进行灰色关联度分析时，一般都要进行无量纲化的数据处理。

3. 求参考数列与比较数列的灰色关联系数 $\xi (X_i)$

所谓关联程度，实质上是曲线间几何形状的差别程度。因此曲线间差值大小，可作为关联程度的衡量尺度。参考数列为 X_0，表示为 $X_0 = （X_0 (1)，X_0 (2)，\cdots X_0 (n)）$；比较数列为 X_i，表示为 $X_i = （（X_1 (1)，X_1 (2)，\cdots X_1 (n)），\cdots，（X_k (1)，X_k (2)，\cdots X_k (n)））$。对于一个参考数列 X_0，有几个比较数列 $X_1，X_2，\cdots，X_n$ 的情况，各比较数列与参考数列在各个时刻（即曲线中的各点）的差，即灰色关联系数的计算公式如下：

$$\zeta_i(k) = \frac{\min_i(\Delta_i(\min)) + 0.5 \max_i(\Delta_i(\max))}{|X_0(k) - X_i(k)| + 0.5 \max_i(\Delta_i(\max))}$$

式中：

$\xi_i(k)$ 是 X_i 对 X_0 在 k 时刻的灰色关联系数，指第 k 个时刻比较曲线 X_i 与参考曲线 X_0 的相对差值；

0.5 为分辨系数，也可用 ρ 表示，一般在 0~1 之间取值；

$$\min_i(\Delta_i(\min)) = \min_i(\min_k|x_0(k) - x_i(k)|)；$$
$$\max_i(\Delta_i(\max)) = \max_i(\max_k|x_0(k) - x_i(k)|)。$$

4. 求关联度

因为关联系数是比较数列与参考数列在各个时刻（即曲线中的各点）的关联程度值，所以它的数不止一个，而信息过于分散不便于进行整体性比较。因此有必要将各个时刻（即曲线中的各点）的关联系数集中为一个值，即求其平均值，作为比较数列与参考数列间关联程度的数量表示，关联度公式如下：

$$r_i = \frac{1}{N}\sum_{k=1}^{N}\xi_i(k)$$

式中：r_i 为比较数列 X_i 对参考数列 X_0 的灰关联度，或称为序列关联度、平均关联度、线关联度。r_i 值越接近 1，说明相关性越好。

5. 关联度排序

影响因素间的关联程度，主要是用关联度的大小次序描述，而不仅是关联度的大小。将 m 个子序列对同一母序列的关联度按大小顺序排列起来，便组成了关联序，记为 $\{X\}$，它反映了对于母序列来说各子序列的"优劣"关系。若 $r_{0i} > r_{0j}$，则称 $\{X_i\}$ 对于同一母序列 $\{X_0\}$ 优于 $\{X_j\}$，记为 $\{X_i\} > \{X_j\}$；r_{0i} 表示第 i 个子序列对母数列特征值。

第三节 总量测算的指标体系

一、测算指标体系构建

综合运用回归分析法和灰色关联度法，对影响围填海控制总量的因素进行筛选，剔除了 10 个初选因素后，共选取 17 个影响因子。从"区划约束、资源承载、环境压力、经济驱动、社会保障、公众利益"6 个方面出发，建立六类两级的围填海计划总量测算指标体系。如表 4-1 所示。

表 4-1　围填海计划总量测算指标体系

类别		指标	影响方向
海洋功能区划	1	建设用围填海控制规模	正相关
	2	工业与城镇用海区面积	正相关

类别	指标		影响方向
海域资源禀赋	3	管辖海域面积	正相关
	4	海岸线长度	正相关
	5	滩涂与浅海资源量	正相关
	6	可开发自然岸线长度	负相关
生态环境状况	7	海水质量指数	负相关
	8	海洋生态红线指数	负相关
经济增长需求	9	国民经济生产总值（GDP）	正相关
	10	海洋经济总产值（GOP）	正相关
	11	固定资产投资	正相关
社会发展保障	12	常住人口	正相关
	13	新增建设用地	正相关
	14	涉海就业人数	正相关
公众利益维护	15	公众亲海需求	负相关
	16	海洋灾害经济损失	负相关
	17	公众监督关注度	负相关

二、测算指标释义

（一）海洋功能区划类指标

海洋功能区划目的是揭示海洋资源环境规律特征，并按照功能类型标准，划分海洋功能区，确定不同的空间区域适宜干什么，不适宜干什么，以及开发过程中应遵守的管理要求，是海洋保护和开发利用的科学基础。《海域使用管理法》建立了海洋功能区划制度，并明确要求海域使用活动必须符合海洋功能区划。因此，海洋功能区划对围填海活动具有最直接的约束作用。海洋功能区划主要指标包括建设用围填海控制规模、工业与城镇用海区面积。

1. 建设用围填海控制规模

该指标是指规划期内通过筑堤围割海域，填成土地后用于工业园区与城镇建设的最大海域规模。是国家对各沿海省（自治区、直辖市）围填海活动划定的总量上限。指标取值为国务院批准的 11 个沿海省（自治区、直辖市）海洋功能区划（2011—2020年）中确定的建设用围填海控制规模。

2. 工业与城镇用海区面积

该指标是指海洋功能区划确定的工业与城镇用海功能区面积。指标取值为国务院批准的 11 个沿海省（自治区、直辖市）海洋功能区划（2011—2020 年）中确定的工业与城镇用海功能区面积。

（二）海域资源禀赋类指标

海域资源相对丰裕程度，是经济社会发展和形成具有竞争力优势产业的客观基础。海域资源禀赋主要从海域资源、海岸线资源、近岸海域空间资源、自然岸线保有量4个方面考虑。

1. 管辖海域面积

该指标是指沿海地区管辖海域资源的面积总量，用于反映该地区海域空间资源富裕程度。指标取值为沿海省（自治区、直辖市）海洋功能区划中所有功能区的面积之和。其中，海南省仅统计海岸和近海功能区面积合计值，去除南海北部、中部、南部海域面积。

2. 海岸线长度

该指标是指沿海地区管辖范围内大陆海岸线资源的总量，用于反映该地区海岸线资源富裕程度。指标取值为沿海各省（自治区、直辖市）人民政府公布的大陆海岸线长度。

3. 滩涂与浅海资源量

该指标是指沿海地区适宜填海的海域资源总量，用于反映该地区可填海海域富裕程度。指标取值为全国海岸带专题调查中获取的沿海各省（自治区、直辖市）的滩涂面积，以及-2米、-5米等深线以浅的浅海资源面积。

4. 可开发自然岸线长度

该指标是指沿海地区管辖海域内可供开发的自然海岸线资源的总量，包括整治修复后具有自然海岸形态结构和生态功能的海岸线，用于反映该地区可供开发的自然海岸线资源富裕程度。指标取值为沿海省（自治区、直辖市）海洋功能区划中确定的自然岸线保有量和遥感影像解译的已开发自然岸段。

（三）生态环境状况类指标

围填海是对海洋生态环境质量影响最为严重的一种用海活动。近海海域海洋生态环境质量下降一直是围填海最广为诟病的负面影响之一，海洋生态文明战略也对围填海活动提出了更高的环境治理保护要求。生态环境状况主要从海洋质量和生态要求2个方面考虑。

1. 海水质量指数

该指标反映近岸海域海水环境质量对人类生存、生活和发展的适宜程度，海水环境质量指数越高，表示海域适宜保护程度越高。指标取值为沿海省（自治区、直辖市）海洋环境质量公报中公布的三类及以下水质面积与地区管辖海域面积的比值。

2. 海洋生态红线指数

该指标反映沿海地区海洋生态红线对围填海活动的约束程度，海洋生态红线约束度越高，反映适宜围填海的空间越小。指标取值为辽宁、河北、天津、山东采用省级人民政府公布的海洋生态红线区，其他未批复的省（自治区、直辖市）采用海洋功能区划确定的保护区和保留区面积合计值替代。

（四）经济增长需求类指标

经济社会发展是围填海活动最主要驱动力，围填海活动是拓展沿海地区发展空间的重要途径，在推动沿海社会经济快速发展、驱动海洋经济规模不断壮大等方面发挥了重要的支撑作用。经济增长需求主要包括国民生产总值、海洋生产总值、固定资产投资3类指标。

1. 国民生产总值（GDP）

该指标反映国民经济发展对围填海资源投入的需求程度，国民生产总值越高，反映围填海需求空间越大。数据取值源于历年度的中国统计年鉴。

2. 海洋生产总值（GOP）

该指标反映海洋经济驱动力对围填海资源投入的需求程度，海洋生产总值越高，反映围填海需求空间越大。数据取值源于历年度的中国海洋经济统计年鉴。

3. 固定资产投资

该指标反映固定资产投资对围填海活动的推动和资金保障，固定资产投资是围填海重要的驱动力因素，投资驱动力越高，表明对围填海的需求程度越大。数据取值源于历年度的中国统计年鉴。

（五）社会发展保障类指标

围填海形成的土地资源是对城市发展空间的有效补充，也是社会发展的重要载体。故从社会需求的角度出发，分别从人口、就业、土地供应3个方面考虑。

1. 常住人口

该指标反映沿海省（自治区、直辖市）人口的密集程度，人口密集程度越高，对生产、生活空间的需求越大，对围填海的需求程度越高。数据取值源于历年度的中国统计年鉴。

2. 新增建设用地

该指标是指固定年度内农业地和未利用地转为建设用地的总量，用于反映沿海地区建设用地的紧缺程度，建设用地的紧缺程度越高，对围填海的需求程度越高。数据取值源于历年度的中国国土资源公报。

3. 涉海就业人数

该指标是指沿海省（自治区、直辖市）从事涉海行业的全社会就业人员，包括主要海洋行业就业人员和相关海洋行业就业人员，用于反映围填海在扩大劳动就业方面的保障作用。数据取值源于历年度的中国海洋经济统计年鉴。

（六）公众利益维护类指标

1. 公众亲海需求

该指标反映社会公众对于沿海休闲娱乐的亲海空间需求程度。数据取值为沿海省（自治区、直辖市）海洋功能区划中确定的整治修复岸线长度。

2. 灾害经济损失

该指标反映围填海活动直接或间接造成的灾害经济损失程度，灾害经济损失越大，围填海规模总量应越小。数据取值源于历年度的中国海洋灾害公报。

3. 公众满意度

该指标是指各省（自治区、直辖市）因围填海项目审批、施工、建设等引起的投诉、上访、行政复议等的次数，用于反映人民群众和社会团体等对围填海活动的满意程度。数据取值为历年度的各省（自治区、直辖市）行政统计数据。

第四节　围填海总量计算方法

一、计算思路

为确定沿海各省（自治区、直辖市）"十三五"期间围填海控制规模压缩比重，建立模型如下：

$$\begin{cases} Y = F(X_i) \\ F(X_i) = \sum_{i=1}^{n} f(x_i) = \sum_{i=1}^{n} X_i \cdot S_i, \quad n = 11 \\ X_i = A_i \cdot x_i \end{cases}$$

其中：Y 是全国围填海控制总量；

S_i 为 5 年内沿海各省、自治区、直辖市围填海计划总量最大值；

X_i 为压缩系数，压缩系数是指通过直接与间接关联对围填海控制规模量所产生的减弱影响波动程度。运用各影响指标 X_i 乘以权重 A_i 计算得到。

二、权重确定方法

常用的权重确定方法有层次分析法、主成分分析法、模糊综合评价法、变异系数法、专家打分法等，综合考虑评价效果和操作性，选取层次分析法。基本计算过程如下：

（一）构造判断矩阵

构造判断矩阵的方法是，每一个具有向下隶属关系的元素作为判断矩阵的第一个元素，隶属于它的各个元素依次排列在其后的第一行和第一列。通过向多名专家反复咨询的方式，按照判断矩阵的准则，对各指标进行两两比较，确定哪个重要，重要程度有多少，对重要程度按照1~9赋值。如表4-2所示。

表4-2 指标重要程度标度含义

重要性标度	含 义
1	表示两个元素相比，具有同等重要性
3	表示两个元素相比，前者比后者稍重要
5	表示两个元素相比，前者比后者明显重要
7	表示两个元素相比，前者比后者强烈重要
9	表示两个元素相比，前者比后者极端重要
2，4，6，8	表示上述判断的中间值
倒数	若元素 i 与元素 j 的重要性之比为 a_{ij}，则元素 j 与元素 i 的重要性之比为 $a_{ji} = 1/a_{ij}$

设填写后的判断矩阵为 $A = (a_{ij})_{n \times n}$，判断矩阵具有对称性，应满足 $a_{ij} > 0$，$a_{ji} = 1/a_{ij}$，$a_{ii} = 1$ 三项基本条件。衡量判断矩阵质量的标准是矩阵中的判断是否有满意的一致性。如果判断举证存在 $a_{ij} = a_{ik}/a_{jk}$ 的关系，则该判断矩阵为一致性矩阵。

（二）层次单排序与一致性检验

对比较矩阵计算最大特征根及对应特征向量，利用一致性指标、随机一致性指标和一致性比率做一致性检验。若检验通过，特征向量（归一化后）即为权向量；若不通过，需重新构造对比较矩阵。

计算权向量有特征根法、和法、根法、幂法等。一般使用和法，对于一致性判断矩阵，每一列归一化后就是相应的权重；对于非一致性判断矩阵，每一列归一化后近似其相应的权重，再对这 n 个列向量求取算术平均值作为最后的权重。计算公式为：

$$W_i = \frac{1}{n} \sum_{j=1}^{n} \frac{a_{ij}}{\sum_{k=1}^{n} a_{kj}}$$

开展一致性检验，首先需要计算一致性指标 $C.I.$（consistency index），计算公式为：

$$C.I. = \frac{\lambda_{\max} - n}{n - 1}$$

一般情况下，若 $C.I. < 0.10$，就认为判断矩阵具有一致性。随着 n 的增加判断误差就会增加，因此判断一致性时应考虑到 n 的影响，使用随机性一致性比值 $C.R. = C.I./R.I.$，其中 $R.I.$ 为平均随机一致性指标。$R.I.$ 可以根据判断矩阵不同阶数，通过查表4-3得出。

表 4-3　平均随机一致性指标 *R. I.* 表

矩阵阶数	1	2	3	4	5	6	7	8
R. I.	0	0	0.52	0.89	1.12	1.26	1.36	1.41
矩阵阶数	9	10	11	12	13	14	15	
R. I.	1.46	1.49	1.52	1.54	1.56	1.58	1.59	

（三）层次总排序与检验

总排序是指每一个判断矩阵各因素针对目标层（最上层）的相对权重。这一权重的计算采用从上而下的方法，逐层合成。假定已经算出第 $k-1$ 层 m 个元素相对于总目标的权重 $W(k-1) = (W_1(k-1), W_2(k-1), \cdots, W_m(k-1))$，第 k 层 n 个元素对于上一层（第 k 层）第 j 个元素的单排序权重是 $P_j(k) = (P_{1j}(k), P_{2j}(k), \cdots, P_{nj}(k))$，其中不受 j 支配的元素的权重为零。令 $P(k) = (P_1(k), P_2(k), \cdots, P_n(k))$，表示第 k 层元素对第 $k-1$ 层元素的排序，则第 k 层元素对于总目标的总排序为：

$$w_i^{(k)} = \sum_{j=1}^{m} p_{ij}^{(k)} w_j^{(k-1)} \qquad i = 1, 2, \cdots, n$$

假定已经算出针对第 $k-1$ 层第 j 个元素为准则的 $C.I._{j(k)}$、$R.I._{j(k)}$ 和 $C.R._{j(k)}$，$j=1, 2, \cdots, m$，则第 k 层的综合检验指标

$$C.I._{j(k)} = (C.I._{1(k)}, C.I._{2(k)}, \cdots, C.I._{m(k)})W(k-1)$$

$$R.I._{j(k)} = (R.I._{1(k)}, R.I._{2(k)}, \cdots, R.I._{m(k)})W(k-1)$$

$$C.R.^{(k)} = \frac{C.I.^{(k)}}{R.I.^{(k)}}$$

当 $C.R.^{(k)} < 0.1$ 时，认为判断矩阵的整体一致性是可以接受的。

（四）指标权重的确定

利用层次分析法，确定围填海计划总量测算指标的权重如表 4-4 所示。

表 4-4　围填海计划总量测算指标权重

一级指标		二级指标		
名称	权重		名称	权重
海洋功能区划	0.167 6	1	建设用围填海控制规模	0.084 5
		2	工业与城镇用海区面积	0.083 1
海域资源禀赋	0.270 5	3	管辖海域面积	0.078 5
		4	海岸线长度	0.010 7
		5	滩涂与浅海资源量	0.081 2
		6	可开发自然岸线长度	0.100 1

一级指标		二级指标		
名称	权重	名称		权重
生态环境状况	0.134 5	7	海水质量指数	0.033 1
		8	海洋生态红线指数	0.101 4
经济增长需求	0.264 0	9	国民经济生产总值（GDP）	0.110 3
		10	海洋经济总产值（GOP）	0.063 5
		11	固定资产投资	0.090 2
社会发展保障	0.151 9	12	常住人口	0.060 9
		13	新增建设用地	0.006 6
		14	涉海就业人数	0.084 4
公众利益维护	0.011 5	15	公众亲海需求	0.001 1
		16	海洋灾害经济损失	0.000 2
		17	公众监督关注度	0.010 2

三、评价因子无量纲化

定量指标根据基础统计资料计算出相应指标值，但由于各指标含义不同，计算方法也不同，造成各指标量纲差异，必须对其进行无量纲化处理。根据评价因子的性质，仿照无条件模糊优越集的定义办法，单项评价指标无量纲采用如下方法：

$$E_i = \frac{X_i - X_{i\min}}{X_{i\max} - X_{i\min}}$$

其中：E_i 为评估因素指标值；X_i 为第 i 项单项评价指标前后数据的变化值；$X_{i\min}$ 为第 i 项单项评价指标原始基础数据体系中的可能最小值；$X_{i\max}$ 为第 i 项单项评价指标原始基础数据体系中的可能最大值。

单项评价指标是根据所属各评价因子的加权平均值计算而得，其计算公式为：

$$D_i = W_i \times E_i (i = 1, 2, \cdots n)$$

其中：D_j 为单项评价指标值；W_i 为该类单项评价指标下设的各评价因子的权重；n 为该类单项评价指标下设的各评价因子个数。

分类评价指标是根据所属各单项评价指标的加权平均值计算而得，其计算公式为：

$$Z_k = W_j \times D_j (j = 1, 2, \cdots m)$$

其中：Z_k 为分类评价指标值；W_j 为分类评价指标下设的各单项评价指标的权重；m 为分类评价指标下设的各单项指标个数。

综合评价指标是根据所属各分类评价指标的加权平均值计算而得，其计算公式为：

$$T = W_k \times Z_k (k = 1, 2, \cdots l)$$

其中：T 为综合评价指标值；W_k 为综合评价指标下设的各分类评价指标的权重；l 为综合评价指标下设的各分类指标个数。

第五节 围填海总量实证测算

一、基础数据收集与分析

（一）海洋功能区划类相关数据分析

1. 围填海控制规模

控制性指标是保证规划有效实施和强化管理的重要工具，在规划体系中发挥着重要作用。近年来随着我国海洋经济的快速增长，沿海各地海域使用强度不断增加，个别地区海岸已处于高强度开发状态，海岸脆弱区范围不断扩大，近岸海域使用规模将逐渐趋于饱和状态，可供开发利用的近岸海域资源稀缺程度不断提升。为此，2010年起我国将围填海计划正式纳入国民经济和社会发展计划，加强了对围填海规模的约束；2012年以来，国务院批准发布的全国和11个沿海省（自治区、直辖市）海洋功能区划中明确提出了建设用围填海控制规模，实现了对围填海规模的刚性管控。

2. 工业与城镇建设用海区面积

《全国海洋功能区划（2011—2020年）》对海洋功能区的分类体系进行了调整，调整后分为8个一级类和22个二级类。2011年起实施的海洋功能区分类体系较2002年海洋功能区划相比，对于围填海活动的管理变化主要体现在：撤销原有的"围填海造地区"；填海造地作为一种用海方式，按照具体用途分别在"工业与城镇用海区"、"港口航运区"、"旅游娱乐区"等不同的功能区中予以体现，并通过每个功能区的用海方式控制要求，合理控制围填海活动。"工业与城镇用海区"是指适于拓展工业与城镇发展空间，可供临海企业、工业园区和城镇建设的海域，是各类功能区中填海造地需求最集中、最旺盛的区域。从各省（自治区、直辖市）围填海控制指标和"工业与城镇用海区"面积的比较分析来看，除上海市外，其他地区围填海控制规模均远低于工业与城镇建设面积。如表4-5和图4-1所示。

表4-5 围填海控制规模和工业与城镇建设用海面积

省份	围填海控制规模（平方千米）	工业与城镇建设区（平方千米）
辽宁	253	1 055.1
河北	149.5	378.8
天津	92	293.56
山东	345	788.48

省份	围填海控制规模（平方千米）	工业与城镇建设区（平方千米）
江苏	264.5	1 620.35
上海	23	12.60
浙江	506	959.21
福建	333.5	579.40
广东	230	1 324.77
广西	161	200.37
海南	115	135.47

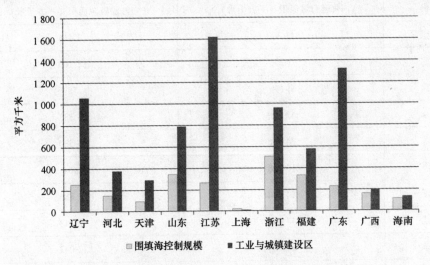

图 4-1　围填海控制规模和工业与城镇建设用海面积

（二）海域资源禀赋类相关数据分析

1. 海域空间资源

　　沿海滩涂和浅海海域是实施围填海的主要区域。根据相关调查研究资料显示，我国人均土地面积仅 0.78 公顷，为世界人均数的 29%。沿海滩涂对于缓解我国用地紧张局面起到重要作用，是相当宝贵的资源。目前，我国海洋滩涂的面积约为 2.36 万平方千米，在渤海、黄海、东海、南海四大海区中分布很不平衡。全国平均每千米大陆岸线拥有海洋滩涂 1.31 平方千米。在四大海区中以渤海、黄海沿岸海洋滩涂面积最多，平均每千米大陆岸线拥有的海洋滩涂资源面积在 1.50 平方千米以上，而东海、南海沿岸均低于全国平均水平。沿海各地之间分布也很不平衡，在江苏、天津、上海、山东北部和河北，平均每千米大陆岸线拥有海洋滩涂资源在 2.60 平方千米以上，其中以江苏省为最高，达 5.38 平方千米；而在福建、广东、山东东部等地区以基岩岸段为主，每千米拥有的海洋滩涂面积较低。沿海各省（自治区、直辖市）滩涂资源面积如表 4-6 所示。

根据围填海成本调查分析，自然海岸线至 -5 米等深线范围内围填海成本为 220 ~ 520 元/平方米，再往海域扩展，深水每增加 1 米，围填土石方量则倍数增加，围填海成本也相应倍增。随着海洋开发技术的提高，浅海范围的概念也随之扩大。据全国海岸带调查，我国大陆沿岸浅海海域面积：0~10 米等深线海域面积约 6.27 万平方千米，0~15 米等深线海域面积为 12.38 万平方千米，-20 米等深线海域面积为 15.7 万平方千米。浅海海域资源以东海沿岸最为丰富，占总数的 31.5%，渤海次之，占 25.1%，南海和黄海分别占 24.5% 和 18.9%。

表 4-6　各省（自治区、直辖市）管辖海域面积和滩涂资源面积

省份	管辖海域面积（平方千米）	滩涂资源面积（平方千米）
辽宁	41 300	2 418
河北	7 228	1 100
天津	2 146	587
山东	47 300	3 387
江苏	34 766	6 530
上海	10 755	904
浙江	44 400	2 886
福建	37 640	2 248
广东	64 784	2 042
广西	7 000	1 005
海南	504 619	489

2. 海岸线资源

海岸带是陆海和海洋交汇地带，是国土空间的"黄金地带"。其中，自然海岸线是重要的国土生态空间和生活空间。自然岸线不仅具有涵养水源、防洪防潮、调节气候等重要的生态功能，而且为滨海及其周边社区人们直接提供着休闲、游憩、景观等社会服务功能。受围填海等海岸带开发活动的影响，我国自然岸线的比例缩减，人工岸线比例增加。据统计，截至 2008 年全国人工岸线的比例已达到 56.5%。沿海各省（自治区、直辖市）自然岸线保有量如表 4-7、图 4-2 所示。其中，上海、天津的人工岸线比例分别达到 90.2% 和 83.4%，海南省自然岸线比例最高，为 83.6%。全国海洋功能区划提出至 2020 年自然岸线保有率不低于 35%，并在沿海省（自治区、直辖市）海洋功能区划中对自然岸线保有率进行了分解落实。自然岸线保有率要求越高，越需要

严格控制围填海的发展建设。

表 4-7 各省（自治区、直辖市）海岸线长度和自然岸线保有量

省份	海岸线长度（千米）	自然岸线保有量（千米）
辽宁	2 110	739
河北	485	170
天津	153	—
山东	3 345	1 338
江苏	744	260
上海	211	—
浙江	2 218	776
福建	3 752	1 388
广东	4 114	1 440
广西	1 629	570
海南	1 823	1 003

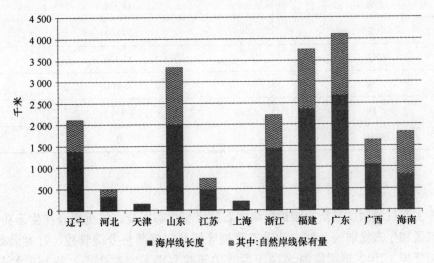

图 4-2 各省（自治区、直辖市）海岸线资源情况

（三）生态环境状况类相关数据分析

1. 海水质量

近年来，我国局部地区海洋生态退化和环境恶化的趋势明显，近岸海域生态压力巨大，海洋生态环境质量总体状况尚不容乐观。长江、珠江、钱塘江、闽江、双台子

河等主要河流每年携带污染物入海总量达 1 000 万吨以上，氨氮、总磷等营养盐达 55 万吨，污染负荷已突破环境容量，辽河口、渤海湾、长江口、杭州湾、珠江口污染严重，水体富营养化程度加剧。沿岸入海排污口超标排放严重，对邻近海域海洋功能区环境产生明显影响。根据 2015 年度中国海洋环境质量公报，冬季、春季、夏季和秋季四个季节，我国三类及以下水质面积均超过 10 万平方千米。各省（自治区、直辖市）海水水质情况如表 4-8 所示。通过三类及以下水质面积测算的水质指数，上海的水质指数最高，说明其整体海水水质条件较差；海南的水质指数最低；浙江、天津的水质指数处于中间偏高；其他地区的水质指数较低。围填海的施工建设期产生的悬浮物等在一定程度上导致海水环境质量进一步恶化。

表 4-8　各省（自治区、直辖市）海水水质情况

省份	三类及以下水质面积（平方千米）
辽宁	7 910
河北	1 663
天津	1 360
山东	6 533
江苏	13 725
上海	15 549
浙江	39 908
福建	13 136
广东	6 414
广西	946
海南	0

2. 海洋生态红线

海洋生态红线制度是指为维护海洋生态健康与生态安全，将重要海洋生态功能区、生态敏感区和生态脆弱区，划定为重点管控区域并实施严格分类管控。针对渤海海洋生态环境管控，2012 年国家海洋局印发《关于建立渤海海洋生态红线制度的若干意见》，明确要求辽宁、河北、天津、山东环渤海三省一市海洋生态红线区面积占管辖海域面积的比例分别不低于 40%、25%、10%、40%。除以上各省（市）外，沿海各地均启动了海洋生态红线划定工作。鉴于其他省（自治区、直辖市）尚未公布海洋生态红线区面积，为便于指标测算，文中使用各省级海洋功能区划中保护区和保留区面积的合计值进行替代性的测算。各省（自治区、直辖市）海洋保护区、保留区、海洋生态红线区面积如表 4-9 所示。海洋生态红线区属于禁止开发和限制开发的区域，区域内对围填海的管控提出更加严格的要求。

表 4-9　各省（自治区、直辖市）海洋保护区、保留区、生态红线区面积

省份	海洋功能区划保护区面积（平方千米）	海洋功能区划保留区面积（平方千米）	海洋生态红线区面积（平方千米）
辽宁	2 298.42	11 471.40	5 920.80
河北	393.13	190.25	1 880.97
天津	300	108.96	219.79
山东	3 577.37	4 821.77	9 678.26
江苏	3 421.29	3 138.20	—
上海	661.75	1 261.70	—
浙江	1 384.98	4 482.07	—
福建	218.20	3 778.75	—
广东	1 881.39	6 741.02	—
广西	1 033.96	819.98	—
海南	203.05	5 967.20	—

（四）经济增长需求类相关数据分析

1. 经济发展情况

大规模的填海造地活动往往伴随着经济的快速发展。从国外主要填海造地国家发展情况来看，无论是日本的经济高速增长阶段（1955—1973 年），还是韩国经济腾飞时期（1987—2000 年），都正值其大规模填海时期，也正是在这一时期日本通过填海兴建了神户人工岛，韩国开工建设了仁川国际机场。从国内情况来看，填海造地也是拉动我国沿海地区经济增长的重要因素。有关学者对我国历年累计填海造地面积和全国沿海地区 GDP 总量进行相关性分析，结果显示两者相关系数为 0.994，经济发展与填海造地呈现显著的正相关关系。从统计数据来看，2010 年至 2014 年沿海各省（自治区、直辖市）的国民生产总值和海洋生产总值均呈现持续上升的趋势，各地区总量排序的结果呈稳定状态，如表 4-10、表 4-11 和图 4-3 所示。

表 4-10　2010 年至 2014 年各省（自治区、直辖市）国民生产总值　　单位：亿元

省份	2010 年	2011 年	2012 年	2013 年	2014 年
辽宁	18 457.27	22 226.70	24 846.43	27 213.22	28 626.58
河北	20 394.26	24 515.76	26 575.01	28 442.95	29 421.15
天津	9 224.46	11 309.28	12 893.88	14 442.01	15 726.93

省份	2010 年	2011 年	2012 年	2013 年	2014 年
山东	39 169.92	45 361.85	50 013.24	55 230.32	59 426.59
江苏	41 425.48	49 110.27	54 058.22	59 753.37	65 088.32
上海	17 165.98	19 195.69	20 181.72	21 818.15	23 567.70
浙江	27 722.31	32 318.85	34 665.33	37 756.58	40 173.03
福建	14 737.12	17 560.18	19 701.78	21 868.49	24 055.76
广东	46 013.06	53 210.28	57 067.92	62 474.79	67 809.85
广西	9 569.86	11 720.87	13 035.10	14 449.90	15 672.89
海南	2 064.50	2 522.66	2 855.54	3 177.56	3 500.72

表 4-11　2010 年至 2014 年各省（自治区、直辖市）海洋生产总值　　单位：亿元

省份	2010 年	2011 年	2012 年	2013 年	2014 年
辽宁	2 619.6	3 345.5	3 391.7	3 741.9	3 917.0
河北	1 152.9	1 451.4	1 622.0	1 741.8	2 051.7
天津	3 021.5	3 519.3	3 939.2	4 554.1	5 032.2
山东	7 074.5	8 029.0	8 972.1	9 696.2	11 288.0
江苏	3 550.9	4 253.1	4 722.9	4 921.2	5 590.2
上海	5 224.5	5 618.5	5 946.3	6 305.7	6 249.0
浙江	3 883.9	4 536.8	4 947.5	5 257.9	5 437.7
福建	3 682.9	4 284.0	4 482.8	5 028.0	5 980.2
广东	8 253.7	9 191.1	10 506.6	11 283.6	13 229.8
广西	548.7	613.8	761.0	899.4	1 021.2
海南	560.0	653.5	752.9	883.5	902.1

2. 固定资产投资

围填海项目实施后，往往会带动相当大的后续投资，除填海工程本身外，填海成陆后"七通一平"等基础设施的配套建设，房地产或工业项目等投资也会陆续跟进，投资规模成倍增长。固定资产投入是围填海活动的一个重要体现。按照相关数据估算，各行业平均每公顷填海造地可吸引投资 0.5 亿元。其中工业用海地面基础设施投入更大，每公顷填海造地可吸引投资最高可超过 0.8 亿元/公顷，是陆域一至四等市县工业项目用地平均投资强度控制指标的 3.3 倍。从统计数据来看，2010 年以来沿海各省

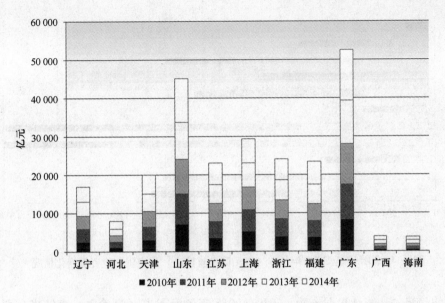

图4-3 2010年至2014年各省（自治区、直辖市）海洋生产总值变化情况

（自治区、直辖市）的固定资产投资额均呈现持续上升的趋势，各地区的总量排序的结果呈稳定状态，如表4-12和图4-4所示。

表4-12 2010年至2014年各省（自治区、直辖市）固定资产投资额 单位：亿元

省份	2010年	2011年	2012年	2013年	2014年
辽宁	16 043.03	17 726.29	21 836.30	25 107.70	24 730.80
河北	15 083.35	16 389.33	19 661.30	23 194.20	26 671.90
天津	6 278.09	7 067.67	7 934.80	9 130.20	10 518.20
山东	23 280.52	26 749.68	31 256.00	36 789.10	42 495.50
江苏	23 184.28	26 692.62	30 854.20	36 373.30	41 938.60
上海	5 108.90	4 962.07	5 117.60	5 647.80	6 016.40
浙江	12 376.04	14 185.28	17 649.40	20 782.10	24 262.80
福建	8 199.12	9 910.89	12 439.90	15 327.40	18 177.90
广东	15 623.70	17 069.20	18 751.50	22 308.40	26 293.90
广西	7 057.56	7 990.66	9 808.60	11 907.70	13 843.20
海南	1 317.04	1 657.23	2 145.40	2 697.90	3 112.20

（五）社会发展保障类相关数据分析

1. 常住人口

沿海地区是我国人口相对密集的地区，近年来人口要素仍呈现不断向东部沿海地

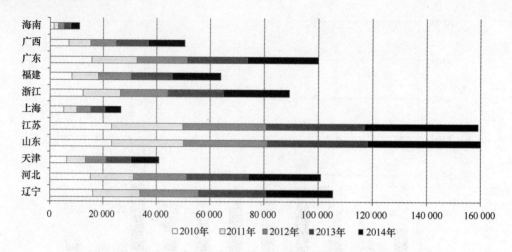

图 4-4　2010 年至 2014 年各省（自治区、直辖市）固定资产投资额变化情况

区集聚的趋势。从统计数据来看，2010—2015 年各沿海省（自治区、直辖市）常住人口均呈现逐年上涨的趋势，增长的比例也比较稳定。

表 4-13　2010 年至 2014 年各省（自治区、直辖市）常住人口数　　单位：万人

省份	2010 年	2011 年	2012 年	2013 年	2014 年
辽宁	4 375	4 383	4 389	4 390	4 391
河北	7 194	7 241	7 288	7 333	7 384
天津	1 299	1 355	1 413	1 472	1 517
山东	9 588	9 637	9 685	9 733	9 789
江苏	7 869	7 899	7 920	7 939	7 960
上海	2 303	2 347	2 380	2 415	2 426
浙江	5 447	5 463	5 477	5 498	5 508
福建	3 693	3 720	3 748	3 774	3 806
广东	10 441	10 505	10 594	10 644	10 724
广西	4 610	4 645	4 682	4 719	4 754
海南	869	877	887	895	903

2. 新增建设用地

沿海城市空间向滨海转移的趋势不断加强，新增建设用地和填海造地形成的土地都是城市发展的重要空间保障。根据《海域使用管理公报》和《中国国土资源年鉴》，近年来沿海地区填海造地总面积占新增建设用地供应总量的比重已超过 10%。从统计数据来看，各沿海省（自治区、直辖市）中的山东、江苏、辽宁、河北四省新增建设

用地总量较大。2011 年至 2013 年间，辽宁、天津、江苏、上海是呈明显减少趋势的，河北、山东、海南基本是增长趋势，其他地区变化趋势不明显，如表 1-14 所示。

表 4-14 2010 年至 2014 年各省（自治区、直辖市）新增建设用地 单位：公顷

省份	2010 年	2011 年	2012 年	2013 年	2014 年
辽宁	9 410.93	17 481.71	8 658.94	8 711.71	8 188.98
河北	5 387.94	10 152.46	10 935.42	12 131.21	14 112.42
天津	2 359.35	4 983.17	3 895.29	3 367.98	2 932.22
山东	16 201.59	19 554.25	21 406.32	28 544.17	20 900.56
江苏	17 694.52	17 128.68	16 943.35	16 805.95	25 151.86
上海	324.60	1 325.55	616.13	512.92	1 619.70
浙江	12 621.52	9 784.59	8 000.96	8 513.96	18 511.67
福建	3 964.56	9 224.58	8 022.98	8 452.98	17 077.5
广东	4 846.35	5 790.48	7 878.43	7 561.04	22 282.49
广西	2 015.72	4 845.89	5 237.70	5 224.97	7 127.12
海南	644.95	1 207.13	1 274.97	1 284.06	742.85

3. 涉海就业人数

美国经济学家阿瑟·奥肯提出奥肯定律，定律认为 GDP 变化和就业率变化之间存在着一种相当稳定的关系，即 GDP 每增加 2%，失业率降低约一个百分点。相关学者运用奥肯定律进行估算，得出近年来我国填海造地共带动沿海地区就业约 230 万人，其中涉海就业约为 23 万人。从涉海就业人数变化来看，各沿海省（自治区、直辖市）的涉海就业人数呈现逐年上涨的趋势，增长的比例也比较稳定，如表 4-15 所示。

表 4-15 2010 年至 2014 年各省（自治区、直辖市）涉海就业人数 单位：万人

省份	2010 年	2011 年	2012 年	2013 年	2014 年
辽宁	311.6	318.2	322.6	326.8	330.5
河北	92.2	94.2	95.5	96.7	97.8
天津	169.2	172.7	175.1	177.4	179.4
山东	508.6	519.4	526.5	533.4	539.4
江苏	185.9	189.8	192.4	194.9	197.1
上海	202.7	207.0	209.8	212.6	215.0
浙江	407.6	416.3	422.0	427.5	432.3
福建	412.9	421.6	427.4	433.0	437.9
广东	803.4	820.4	831.6	842.6	852.0
广西	109.5	111.9	113.4	114.9	116.2
海南	128.1	130.9	132.7	134.4	135.9

（六）公众利益维护相关数据分析

1. 公众亲海需求

随着我国经济社会发展及沿海地区人口增长，必然导致对海域空间提出持续增长的数量需求和质量安全需求。海域空间既要保障经济发展提出的建设用海需求，又要保障渔业生产、渔民增收提出的基本用海需求，更要保障生态安全提出的保护用海需求。《全国海洋主体功能区规划》、《全国海洋功能区划（2011—2020 年）》、《海洋生态文明建设实施方案》等相关规划和文件中都要求，合理安排生产、生活、生态用海空间，在局部开发过度地区严格控制占用海洋生活、生态空间的行为。将公众亲海需求作为围填海总量测量技术体系中的一项重要指标，是对民众亲海权的反映，通过加强自然岸线保护、海岸景观维护和修复，为民众营造适宜垂钓、赶海等海滨休闲娱乐活动的海岸生态和生活空间。从数据可获取性的角度出发，以各省（自治区、直辖市）规划整治修复岸线的长度（如表 4-16 所示），来替代体现公众亲海需求的旺盛程度。

表 4-16　各省（自治区、直辖市）规划整治修复岸线长度

省份	规划整治修复岸线长度（千米）
辽宁	200
河北	80
天津	50
山东	240
江苏	300
上海	60
浙江	300
福建	300
广东	400
广西	360
海南	200

2. 公众满意度

公众满意度是一个以公众为核心、以公众感受为评价标准的概念。公众满意度较高，表明政府服务绩效高于或符合公众的期望，在此种情况下，公众会对政府表现出相应的信任和忠诚；反之，公众满意度较低，表明政府服务绩效低于公众的期望，公众对政府表现出不满和不信任。大规模的围填海活动会对滨海地区人民生产生活带来较大影响，涉及众多利益相关者，故从利益相关单位、社会团体和人民群众对围填海

项目审批、施工、建设等的投诉、上访、行政复议情况，反映公众对围填海工程的满意度。

3. 海洋灾害经济损失

海洋是重大的资源基地，也是生态系统的重要支撑。近岸及近海海域长期受海上溢油、赤（绿）潮、海岸侵蚀、海平面上升等等各类海洋灾害威胁。围填海活动极大地改变海域自然环境，实施围填海造成海洋潮差变小，潮汐的冲刷能力降低，港湾内纳潮量减少，湾内水交换能力变差，海水自净能力减弱，增加大规模赤潮事件发生概率；同时，围填海活动造成的人工岸线增多、海岸侵蚀加速等问题也极易诱发洪灾、风暴海啸以及海水入侵等自然灾害。

从灾害公报等资料分析来看，我国海洋赤潮灾害仍然处于多发期，沿海地区海洋灾害经济损失总体上还较高，如表 4-17 所示。例如：2008 年以来，南黄海近岸海域连续发生大面积绿潮灾害，对当地渔业生产及滨海旅游等开发活动产生严重影响；2014年"威马逊"台风风暴潮和"海鸥"台风风暴潮让广东、广西和海南三地区的经济损失严重；另外，局部地区海水入侵、土壤盐渍化和海岸侵蚀灾害严重，也造成了较大的经济损失。

表 4-17　2010 年至 2015 年主要海洋灾害造成的直接经济损失　　　单位：亿元

省份	2010 年	2011 年	2012 年	2013 年	2014 年	2015 年
辽宁	34.86	2.13	4.49	3.24	0.15	0.06
河北	3.68	1.60	20.44	0	0	0
天津	0.01	0.10	0.04	0	0	0
山东	27.31	12.16	34.92	1.44	1.49	0.44
江苏	0.12	0.61	6.24	0.29	0.51	0.58
上海	0	0.30	0.06		0.00	0.05
浙江	0.21	5.91	42.67	28.23	4.37	11.25
福建	33.1	5.40	22.76	45.08	4.30	30.79
广东	30.67	12.68	17.47	74.41	60.41	28.77
广西	1.53	1.15	5.33	4.9	28.30	0.47
海南	1.27	20.03	0.83	5.89	36.61	0.33

二、总量测算结果及分析

利用以上基础数据资料，按照第四节确定的围填海总量计算方法，对"十三五"期间沿海各省（自治区、直辖市）的围填海总量进行测算，测算结果详见表 4-18。

表 4-18　　"十三五"期间各省围填海总量测算结果

省份	测算规模（公顷）	围填海总量取整（公顷）
辽宁	10 450.418	10 400
河北	6 385.070 25	6 400
天津	3 797.898	3 800
山东	15 421.672 5	15 400
江苏	11 970.212	12 000
上海	952.970 5	950
浙江	21 720.809	21 700
福建	13 774.884	13 800
广东	10 469.6	10 500
广西	6 590.454 5	6 600
海南	4 857.427 5	4 800
合计	106 391.4	106 530

从计算结果来看，"十三五"期间全国围填海测算总量 1 065 平方千米，约为全国海洋功能区划确定的 2011 年至 2020 年间全国围填海控制规模的 43%，总体来看较为合理。但是与"十二五"期间的全国确权填海造地面积 697.07 平方千米，以及围填海计划指标安排面积 797.63 平方千米相比有较大幅度的增长。

主要原因在于："十三五"期间围填海总量测算中既体现对实际围填海面积的严格控制和有效压缩，同时充分考虑到优先消耗已有的存量围填海资源。"十二五"期间，由于国家政策导向和填海需求旺盛等众多因素，沿海各地通过实施区域用海规划整体围填、"未批先填"、"以罚代批"等手段，新增了大量现实闲置的围填海资源，实际并未纳入确权填海造地面积和围填海计划指标安排面积内。据不完全统计，截至 2015 年底已批准区域建设用海规划共 82 个，规划填海面积约 12 万公顷，经遥感影像解译和空间分析等技术手段，初步估算区域用海规划内已实施集中围填，尚未办理单体项目用海手续的存量围填海面积约 5 万公顷。针对上述问题，国家进一步强化了有关的管理政策措施。2015 年国务院将区域用海规划审批制度由非行政许可审批事项调整为政府内部审批事项，2016 年国家海洋局出台《区域建设用海管理办法（试行）》（国海规范〔2016〕1 号）明确规定"规划区内所有用海活动要依法取得海域使用权，办理海洋工程环境影响评价核准文件后方可实施"。以严格控制增量、优先消化存量为出发点，同时考虑到政策的连贯性和可操作性，故认为"十三五"期间围填海总量的测算结果为 1 065 平方千米是基本合理的。

三、年度围填海计划指标分解

年度围填海计划指标是对"十三五"期间围填海控制总量的科学分解和有效落实。年度围填海计划指标分为中央和地方年度围填海计划指标。中央指标是用于安排国务院及国务院有关部门审批、核准涉海工程建设项目，并且包括用于补充地方的调剂指标。地方指标用于安排省及省以下（含计划单列市）审批、核准、备案的涉海工程建设项目。结合"十二五"期间中央和地方指标分配比例，为进一步发挥中央指标的统筹作用，考虑"十三五"期间围填海控制总量中30%用于历年度的中央指标，70%用于地方指标，按照年度围填海计划指标总体保持稳定的基本原则，以"十三五"期间五年的平均规模作为年度指标的基数，重点结合当年经济发展形势和政策导向，及上年度围填海计划指标执行情况的考核结论，对年度围填海计划规模进行优化调整。

沿海各省、自治区、直辖市年度围填海计划指标：

$$y_i = a_i \cdot b_i \cdot \frac{f(x_i)}{5}$$

其中，y_i 是沿海各省、自治区、直辖市年度围填海计划指标；

$f(x_i)$ 是5年内沿海各省、自治区、直辖市围填海控制总量；

a_i 是经济发展与政策导向调整系数；

b_i 是上年度围填海计划指标执行考核调整系数。

第五章　围填海计划管理考核体系研究

围填海计划管理考核应以可持续发展、绩效管理和公共产品等理论为基础，遵循系统、全面和可行的原则，科学构建评价指标体系。围填海计划管理考核不仅要考虑计划指标使用情况，还应结合国家不同时期的宏观调控政策和海域管理形势突出管理效能，评价考核结论要在围填海管理中发挥监督引导作用。

第一节　考核体系的基本内容

一、考核目标

2010 年我国创新性地提出了实施围填海年度计划管理。经过近 5 年的发展，现已建立了围填海计划管理制度，确定了围填海计划管理的任务和基本原则，形成了包括计划编报、指标下达、指标执行、监督考核等在内的围填海计划管理体系，并在严格控制围填海总量、支持保障民生和基础设施建设项目、积极参与宏观调控等方面发挥了重要的作用。然而，从近年来围填海计划管理的实践来看，重点主要集中在年度指标编报和具体项目执行上，对于计划执行的结果尚缺乏系统的评价和考核。围填海计划监管力度不足，计划执行情况考核体系尚不健全，导致少数地区对于填海资源的稀缺性和围填海计划的严肃性认识还不够到位，出现了个别指标安排违规或不合理等现象；同时，大部分地方在围填海计划实施中，重指标安排，轻指标核减，更加忽视计划指标完成的质量，计划执行仅侧重于总量控制，对于海域资源节约集约利用水平和经济效益增长方式转变等的影响尚未考虑在内，尚不能完全体现对于宏观调控的影响。

围填海计划管理制度重在落实，建立评估和考核机制，是确保制度的目标和任务落到实处的关键所在，也是加强中央对地方执行情况监督，提高海域管理水平的重要工具。从围填海计划管理的目标、内容及其与宏观经济调控的关系出发，围填海计划考核的目标不仅要体现围填海的总量控制，即地方是否在年度计划范围内合法合规地安排指标，同时还应立足于推进计划管理的规范性、提升海域资源节约集约利用水平，逐步加强海域管理对国家战略部署和宏观决策的响应。

二、考核范围

年度围填海计划指标分为建设用围填海计划指标和农业用围填海计划指标，两者不得混用。年度围填海计划指标中建设用和农业用指标单独下达执行。中央和沿海各省（自治区、直辖市）均下达年度建设用围填海计划指标，而年度农业用围填海计划指标，仅山东、江苏、浙江、福建等个别高涂围垦资源较为丰富的地区下达。从实际指标使用情况来看，2010 年以来各地的建设用围填海计划指标相对都较为紧缺，也是年度计划指标编报和分配的重点，而农业用围填海计划指标仅浙江省安排使用，其农业用计划指标的执行率也一直偏低。

故围填海计划执行情况考核，应以年度为周期对建设用和农业用围填海计划指标执行情况单独考核。考核管理制度研究和拟定的重点将放到对建设用计划指标执行情况上。农业用计划指标的考核仅针对是否存在违法违规行为，分为合格和不合格两类。

三、考核对象

《围填海计划管理办法》由国家发改委和国家海洋局联合制定，各级海域管理部门是围填海计划管理办法实施的主体。

国家海洋局负责中央年度计划指标的安排与核减，是围填海计划管理制度的实施者之一，但与此同时国家海洋局也是年度指标下达和实施指标考核的主体，同时负责将中央指标适当调剂地方使用，作为围填海计划管理检查和监督考核的实施者，显然不能成为计划指标情况考核的对象。

省级海洋行政主管部门负责地方年度围填海计划指标的安排与核减。《围填海计划管理办法》要求：省级海洋行政主管部门不再向下分解下达计划指标；省以下（含计划单列市）海洋行政主管部门出具用海预审意见前，应当取得省级海洋行政主管部门安排围填海计划指标及相应额度的意见。由此可见，省级海洋行政主管部门是地方围填海计划指标安排和执行的主体，也应成为围填海计划执行情况考核的对象。而省以下海洋行政主管部门（除计划单列市外）无年度围填海计划总量控制的具体额度，也不具备指标安排的权限，故不应作为计划执行情况考核的对象。

对于大连、青岛、宁波、厦门、深圳 5 个计划单列市，依据《围填海计划管理办法》年度围填海计划指标单列。但从《围填海计划管理办法》第十一条、第十三条和第十七条来看，计划单列市海洋行政主管部门出具预审意见前，应取得省级海洋行政主管部门安排指标及相应额度的意见；项目用海批复后，该指标由省级海洋行政主管部门负责核减；同时，计划单列市不需要单独建立围填海计划台账管理制度。由此可见，计划单列市虽然指标单列，但不能对具体项目进行指标安排或核减，不是完全的责任主体，因而计划单列市海洋行政主管部门也不应作为计划执行情况考核的对象。

综上所述，省级海洋行政主管部门为围填海计划执行情况考核的对象，考核范围为建设用围填海计划指标执行情况，考核周期为一年。

四、考核实施程序

（一）考核的组织形式

《围填海计划管理办法》由国家海洋局和国家发改委联合制定。依据办法，两者共同负责对地方围填海计划执行情况进行监督检查和评估考核，故建议由国家海洋局和国家发改委联合出台《围填海计划执行情况考核管理办法》，确定考核的具体内容和要求。

每年度国家海洋局会同国家发改委组织开展对沿海各省、自治区、直辖市围填海计划执行情况的考核，形成考核报告，并对考核结论进行公示公告。

国家海洋局设考核工作组，承担考核的日常工作。同时委托技术部门，具体承担指标数据的核算分析等技术工作。

（二）考核的实施程序

1. 发布年度考核工作通知

国家海洋局会同国家发改委每年度1月底前发布考核工作通知，明确对上一年指标考核工作的具体要求，确定附加指标考核的具体内容，以及地方报送计划指标情况相关数据和材料的要求及时间。

2. 省级海洋行政主管部门数据报送和自查

省级海洋行政主管部门依据通知要求，组织开展本省年度计划指标执行情况的自查，并将年度围填海计划指标执行情况表及相关数据（计划单列市数据单列，由省级统一报送），报送至考核工作组。

3. 考核工作组进行核算和抽查

考核工作组对省级海洋行政主管部门报送数据的真实性、准确性和合理性进行检验，并利用国家围填海计划台账系统的相关数据资料进行核算分析。考核工作组对重点项目和疑点问题进行抽查、验证。

4. 形成年度考核报告

考核工作组在地方提交材料、核查分析和抽查验证的基础上，提出各省级行政主管部门上一年度围填海计划执行情况考核评分，并在相关数据协商一致后，形成年度考核报告，经审定后，报国家海洋局，抄送国家发改委。

5. 考核结果公告与使用

国家海洋局和国家发改委对年度考核结果进行审定后，向社会进行公示公告。考核结果将依据围填海计划执行情况考核管理办法的相关规定，纳入地方人民政府主要负责人及其领导班子综合考评的内容。同时，考核优秀和不合格的地方，分别采取相应的奖惩措施。

第二节 考核指标体系与方法研究

一、考核指标体系设计

围填海计划考核评价指标体系中所采用的指标必须能够体现中央政府实施围填海年度计划政策的战略目标，能够全面反映各个地区在完成围填海计划指标的过程中对沿海地区经济发展、社会发展、环境质量带来的影响，客观真实地反映不同地区之间的差异性。

围填海计划考核评价指标体系具备能够描述和表征出围填海计划实施后各个方面的现状，能够描述和反映各个方面的变化趋势，以及能够描述和表征各个方面的协调程度等三个方面的条件。

相应地，围填海计划考核指标体系应具备的描述功能包括：反映社会、经济和环境的基本状况；评价功能，即对实际发展状况、政策措施做出客观评价；预测功能，即预测政策实施后实际情况的发展趋势，为改进和完善政策提供服务；监测功能，即监测政策实施过程出现的问题及其程度。

围填海计划管理考核指标体系采用菜单式指标类型，将围填海计划考核指标分成违法违规行为约束指标、计划指标使用情况、台账管理规范性、集约节约利用程度 4 个不同的层次，采用可测的、可比的、可以获得的指标及指标群，对围填海计划实施的数量表现、强度表现、速率表现给予直接表述。

（一）指标选取原则

随着政府对绩效考核的重视，许多学者对政府管理的绩效考核方法做了相应的研究。有学者认为，在政府政绩多指标综合评价中，评价指标的构建是关键，它关系到综合评价是否准确的问题，如果评价指标选取不当，综合评价结果就会与实际有很大的偏差。也有学者指出，测度指标的选择是量化政府效率的前提，测度指标应具有代表性、独立性和可获得性。这些相关的研究成果对地方政府绩效考核指标做了一般性的探讨，有的把研究的焦点放在对政府绩效考核指标构建原则的分析上；有的则综合运用政治学、管理学、经济学、统计学等知识对指标体系作一般性的分析。以上研究都为构建围填海计划管理考核评价指标体系提供了基础。

围填海计划实施的目标具有多元化特征，是经济、社会、资源、生态环境等各方面的统一。其考核应建立在对围填海开发利用现状充分认识的基础上，且能够反映地区围填海的动态发展趋势，并应遵循以下原则。

1. 全面性和系统性

任何一项活动都会牵扯到方方面面的利益，特别是政府活动，牵涉范围广、涉及面宽。围填海计划是落实海洋功能区划、建设项目用海审批管理的重要手段之一。因此，围填海计划不是孤立的，在设计和选用考核内容及指标时要全面考虑，力争使各项指标的引导作用发挥到最佳状态。

2. 重要性和简洁性

全面性原则强调考核的形式和范畴，重要性原则强调考核方式的质量。在设计考核内容和指标时应分清主次，突出重点和要点，取舍得当。同时，考核指标的选取应强调典型性、代表性，避免选择意义相近、重复或可由其他指标组合而来的导出性指标，使考核本身简洁易行。

3. 可行性和可操作性

围填海计划考核在实际中往往受到资料和数据支持的极大制约。因此，考核内容及其相对应的指标应含义清晰，具有一定的现实统计数据作为基础，减少主观指标和实用性不强的指标。

4. 差异性和区域性

不同区域的功能定位、资源环境条件、社会经济、文化背景及海域开发利用特点都存在较大差异，所以在考核时要充分考虑到区域间的差异性，发现不同类型地区存在的问题。指标体系和各项指标、各种参数的内涵和外延要保持稳定，用于计算各指标相对值的各个参照值（标准值）要相对不变，便于横向、纵向对比。

5. 定量、定性相结合的原则

围填海计划涉及面广，在可能的情况下应尽量采用定量评价方法，通过数值大小反映其合理性。对意义重大、难量化的内容，可以采取定性描述的方法。

6. 目标导向性和适度超前性原则

围填海计划管理考核指标体系应具有较强的目标导向性，引导和鼓励考核对象向正确的方向和目标发展。为更为全面地反映围填海计划执行的总体情况和发展趋势，指标体系的构建需要考虑适度超前的原则，引导围填海计划管理。

（二）考核指标选取

按照考核内容，考核指标分为违法违规行为、计划指标使用情况、计划台账管理规范性和集约节约利用程度四个方面。

1. 违法违规行为指标

（1）没有安排建设用（或农业用）围填海计划指标擅自批准建设用（或农业用）围填海项目的

指违反《围填海计划管理办法》第五条"围填海活动必须纳入围填海计划管理，围填海计划指标实行指令性管理，不得擅自突破"、第十二条第三款"累计安排指标额度不得超过年度计划指标总规模"等有关规定的，主要包括以下情形：

① 年度累计安排指标额度超过年度计划指标总规模的；

② 核减面积过大（核减指标数超过安排指标数 0.1 公顷以上，或超过原安排指标数 0.5%），但没有补充安排围填海计划指标的；

③ 围海、构筑物用海、开放式用海变更为填海造地用海，但未安排围填海计划指标的。

（2）建设用围填海计划指标和农业用围填海计划指标混用的

指违反《围填海计划管理办法》第十三条规定："建设用围填海计划指标和农业用围填海计划指标要分别核减，不得混用"、《关于加强区域农业围垦用海管理的若干意见》三（二）中"区域农业围垦用海规划或规划范围内的单宗项目用海，如改变用途，调整为区域建设用海规划或单宗建设项目用海的，应按规定先收回原海域使用权，再重新办理区域建设用海规划或建设项目用海申请审批手续，纳入本地区建设用围填海计划管理"等有关规定的，主要包括以下情形：

① 围填海项目用途区分不合理，将建设用围填海计划指标和农业用围填海计划指标交叉、混用，以及建设用围填海计划指标和农业用围填海计划指标调剂使用的；

② 农业用围填海变更为建设用围填海，但未按要求重新安排和核减建设用围填海计划指标的。

（3）存在其他违法违规操作行为的

围填海计划管理中存在其他违法违规操作行为的，主要包括以下情形：

① 项目申报、立项，围填海计划指标编报、安排使用、申请指标追加过程中，经查实弄虚作假的；

② 省级围填海计划指标与计划单列市围填海计划指标未报告、申请，随意调剂使用的；

③ 上期围填海计划考核不合格，未在限期内整改的；

④ 对本地区围填海活动监管不力，由于非法违规围填海发生重大安全事故或造成重大影响的；

⑤ 存在其他违法违规操作行为已经有关部门做出处罚决定的。

2. 计划指标使用情况指标

（1）年度围填海计划指标执行率（%）

年度围填海计划指标执行率＝年度围填海计划指标安排面积/年度下达围填海计划指标总规模

其中：

① 年度围填海计划指标安排面积指考核年度内由本省（自治区、直辖市）海洋行政主管部门安排并报国家海洋局认可的建设用围填海计划指标数，应包含当年补充安排的面积，年度围填海计划指标安排面积以国家围填海计划台账系统的统计数据为准，经国家海洋局审核驳回的项目不纳入统计；

② 年度下达计划指标总规模指考核年度国家下达本省（自治区、直辖市）的建设用围填海计划指标的总面积，包含年初下达面积和年中追加面积。

（2）前三年的年度围填海计划指标核减率（%）

年度围填海计划指标核减率＝年度围填海计划指标核减面积/年度围填海计划指标安排面积

其中：

① 前三年的年度围填海计划指标核减率应分别统计；

② 年度围填海计划指标核减面积是指截止到考核年度末（12月31日），前三年的某一年度安排的建设用围填海计划指标已经核减的面积；

③ 年度围填海计划指标安排面积是指前三年的某一年度建设用围填海计划指标安排的面积。

3. 计划台账管理规范性指标

依据《围填海计划管理办法》第十七条"国家海洋局和沿海各省（自治区、直辖市）海洋行政主管部门应当建立围填海计划台账管理制度，对围填海计划指标使用情况进行及时登记和统计"，第十八条"国家发展改革委和国家海洋局对地方围填海计划执行情况实施全过程监督"，分别选取台账数据填报的及时性和台账数据填报的准确度作为计划台账管理规范性的考核指标。

（1）台账数据填报的及时性（%）

台账数据填报的及时性＝按期填报台账系统的个次/年度安排或核减项目的总次数

其中：

① 按期填报台账系统的个次，是在建设填海项目指标安排或核减后在《围填海计划管理办法》等相关文件规定的时间期限内，进行填报的次数；

② 年度安排或核减项目总次数，是在考核年度安排或核减建设用围填海计划指标的总次数。

（2）台账数据填报的准确度（%）

台账数据填报的准确度＝填报系统一次性通过的个次/年度安排或核减项目的总次数

其中：填报系统一次性通过的个次，是指建设用围填海台账数据首次填写准确、规范、合理，且经国家检查通过的次数。

4. 集约节约利用程度指标

集约节约利用程度指标按照国家在不同时期的宏观调控政策导向不断进行增补、更新，主要目的是为了促进围填海造地用海的集约节约利用。根据目前国家围填海计划管理的需求和有关数据资料可获取条件，指标设置如下。

（1）单位固定资产投资额建设用围填海计划指标消耗（平方米/万元）

单位固定资产投资额建设用围填海计划指标消耗主要体现建设用围填海项目对固定资产投资的贡献。计算方法如下：

单位固定资产投资额建设用围填海计划指标消耗＝年度核减建设用围填海计划指标面积/年度建设用围填海项目意向投资额度

其中：

① 年度核减建设用围填海计划指标面积，是指考核年度内核减建设用围填海计划指标的总面积，包含核减考核年度安排指标的面积和以往年度安排指标的面积；

② 年度建设用围填海项目意向投资额度，是指考核年度内核减的建设用围填海项目意向投资金额，该金额以建设项目上报投资主管部门审批、核准、备案文件中提供的意向投资金额为准。

（2）区域建设用海规划内聚集程度（%）

区域建设用海规划内聚集程度主要体现建设填海项目的集约程度。计算方法如下：

区域建设用海规划内聚集程度=年度区域用海规划内安排指标面积/区域用海规划内可安排面积

其中：

① 年度区域用海规划内安排指标面积，是指考核年度内安排的建设用围填海计划指标中位于国家海洋局已经批准的区域用海规划范围内的面积；

② 区域用海规划内可安排面积，是指区域建设用海规划内未确权发证且尚未安排指标的规划填海面积；

③ 区域用海规划内可安排面积为 0 的，该项指标计划取中值。

（3）海域使用权市场化配置率（%）

海域使用权市场化配置情况主要体现围填海项目配置的效率。计算方法如下：

海域使用权市场化配置率=拟通过出让方式取得海域使用权的年度围填海计划安排面积/年度围填海计划指标安排总面积

其中：拟通过出让方式取得海域使用权的年度围填海计划安排面积，是指已批复海域使用权招拍挂出让方案，并且取得年度建设用围填海计划指标的填海项目面积总和。

二、考核方法研究

（一）考核指标分类

按照指标的影响程度和作用范围，将围填海计划管理考核指标分为三类。

1. 约束指标

违法违规行为指标为约束指标。该类指标中只要有 1 项指标未达标的，则总分为 0。

2. 基础指标

计划指标使用情况指标、计划台账管理规范性指标为基础指标。该类指标按照单项指标得分与相应指标的权重，参与总分计算。

3. 附加指标

集约节约利用程度指标为附加指标。该类指标得分单列，与基础指标得分并列，共同确定考核结果等级。

（二）考核指标作用分值

通过对历史年度围填海台账数据的演算分析和咨询专家意见，确定围填海计划管理考核指标作用分值如表 5-1 所示。

表 5-1　围填海计划管理考核指标及作用分值

指标层	指标层满分分值	考核指标项	指标项满分分值
违法违规行为（约束指标）	60	是否没有安排建设用（或农业用）围填海计划指标擅自批准建设用（或农业用）围填海项目	60
		是否建设用围填海计划指标和农业用围填海计划指标混用	
		是否存在其他违法违规操作行为	
计划指标使用情况（基础指标）	30	（考核年度）计划指标执行率	12
		（考核年度）计划指标核减率	3
		（考核年度前一年度）计划指标核减率	6
		（考核年度前两年度）计划指标核减率	9
计划台账管理规范性（基础指标）	10	台账数据填报的及时性	5
		台账数据填报的准确度	5
集约节约利用程度（附加指标）	20	单位固定资产投资额建设用围填海计划指标消耗	8
		区域用海规划内聚集情况	8
		海域使用权市场化配置率	4

（三）考核指标计分方式

1. 指标项分值计算

（1）违法违规行为指标项

共包括"没有安排建设用（或农业用）围填海计划指标擅自批准建设用（或农业用）围填海项目的"、"建设用围填海计划指标和农业用围填海计划指标混用的"、"存在其他违法违规操作行为的"3 项考核指标项。

全部达标，该项指标得 60 分；若其中 1 项指标未达标的，则扣减 60 分。

（2）计划指标使用情况指标项

共包括"（考核年度）计划指标执行率"、"（考核年度）计划指标核减率"、"（考核年度前一年度）计划指标核减率"、"（考核年度前两年度）计划指标核减率"4 项考核指标项，计分方式如表 5-2 所示。

表5-2　计划指标使用情况指标项作用分值

考核指标项	指标作用情况	该项指标得分
（考核年度） 计划指标执行率	不低于90%	12
	不低于70%，低于90%	6
	低于70%	0
（考核年度） 计划指标核减率	由大到小排列，居前三位	3
	由大到小排列，居前三位与末三位之间	2
	由大到小排列，居末三位	0
（考核年度前一年度） 计划指标核减率	由大到小排列，居前三位	6
	由大到小排列，居前三位与末三位之间	3
	由大到小排列，居末三位	0
（考核年度前两年度） 计划指标核减率	不低于80%	9
	低于80%且不低于60%	5
	低于60%	0

（3）计划台账管理规范性指标项

共包括"台账数据填报的及时性"、"台账数据填报的准确度"2项考核指标项，计分方式如表5-3所示。

表5-3　计划台账管理规范性指标项作用分值

考核指标项	指标作用情况	该项指标得分
台账数据填报的及时性	不低于80%	5
	不低于60%，低于80%	3
	低于60%	0
台账数据填报的准确度	不低于80%	5
	不低于60%，低于80%	3
	低于60%	0

（4）集约节约利用程度指标项

共包括"单位固定资产投资额建设用围填海计划指标消耗"、"区域用海规划内聚集情况"、"海域使用权市场化配置率"3项考核指标项，计分方式如表5-4所示。

表5-4　集约节约利用程度指标项作用分值

考核指标项	指标作用情况	该项指标得分
单位固定资产投资额建设 用围填海计划指标消耗	由小到大排列，居前三位	8
	由小到大排列，居前三位与末三位之间	4
	由小到大排列，居末三位	0

考核指标项	指标作用情况	该项指标得分
区域用海规划内聚集情况	由大到小排列，居前三位	8
	由大到小排列，居前三位与末三位之间	4
	由大到小排列，居末三位	0
海域使用权市场化配置率	由大到小排列，居前三位	4
	由大到小排列，居前三位与末三位之间	2
	由大到小排列，居末三位	0

2. 指标层分值计算

违法违规行为指标总分值 60 分，所有项均达标，得分 60 分；有一项指标未达标的，得分为 0。

计划指标使用情况指标总分值 30 分，各单项指标评估分加和，得该层实际考核得分。

台账管理规范性总分值 10 分，各单项指标评估分加和，得该层实际考核得分。

集约节约利用程度总分值 20 分，各单项指标评估分加和，得该层实际考核得分。

3. 总分分值计算

违法违规行为指标、计划指标使用情况指标、台账管理规范性指标三个指标层分值加和，总分为围填海计划基础考核分。

集约节约利用程度总分值为围填海计划考核附加分。

三、考核结果等级评定

考核结果等级评定按基础分和附加分的分值区间综合确定。考核结果评定等级详见表 5-4。

表 5-5　围填海计划管理考核等级评定矩阵

附加分区间＼基础分区间	100（含）~ 85（含）	85 ~ 60（含）	60 ~ 0（含）
20（含）~ 12（含）	优秀	良好	不合格
12~4（含）	良好	合格	不合格
4~0（含）	合格	合格	不合格

第三节　考核体系的检验

以某年度沿海各省（自治区、直辖市）围填海计划执行情况为例，对考核指标体系和考核方法进行检验。本小节内容仅是利用有限的、可获取的数据资料，从学术研究的角度对本章提出的考核体系进行初步验证，尚未结合后续的实地调研和资料核实等，故与各地实际的围填海行政管理工作仍有一定差距。

一、考核指标值计算

（一）约束指标：违法违规行为指标值

违法违规行为指标包含没有安排建设用（或农业用）围填海计划指标擅自批准建设用（或农业用）围填海项目的、建设用和农业用围填海计划指标混用的、存在其他违法违规操作行为的三大类。

从国家开展的地方围填海计划执行情况监督检查工作和地方填报的围填海计划台账数据来看，存在以下疑点，需进行进一步的核查：

（1）某省（自治区、直辖市）安排的两宗用海疑似无实际用海项目。直接对区域用海规划安排年度围填海计划指标，安排意见文件仅提出指标原则上用于采用招标、拍卖、挂牌方式出让的海域使用权，但尚未实际编制该区域的招拍挂方案。

（2）某计划单列市疑似占用所在省的年度围填海计划指标。在计划单列市年度计划指标不足的情况下，未经国家发改委和国家海洋局审核同意，占用所在省当年度围填海计划指标安排3宗用海项目。

（二）基础指标：计划指标使用情况指标值

计划指标使用情况指标包含年度围填海计划指标执行率和前三年的年度围填海计划指标核减率两类。其中，前三年的年度围填海计划指标核减率指截止到考核年度的12月31日，考核年度、前一年度和前两年度建设用围填海计划指标实际核减情况。

考核年度沿海各省（自治区、直辖市）指标值的计算，以围填海计划台账软件系统中通过国家核查的数据为准，各指标值如下。

（1）考核年度建设用围填海计划指标执行率：90%（含）以上的，有天津、江苏、浙江；70%（含）至90%的，有辽宁、河北；低于70%的，有福建、山东、广西、广东、海南、上海。

（2）考核年度计划指标核减率：排名前三位为天津、广西、山东；核减率为0或年度安排指标为0的为辽宁、浙江、广东、海南、福建；其余省市居中。

（3）前一年度计划指标核减率：排名前三位为天津、江苏、山东；末三位为上海、广东、广西。

（4）前两年度计划指标核减率：80%（含）以上的，有江苏、天津、浙江、海南、河北；60%（含）至80%的，有广西、山东、辽宁、福建；低于60%的，有广东、上海。

（三）基础指标：台账管理规范性指标值

台账管理规范性指标包含台账数据填报的及时性、台账数据填报的准确度两项。

指标值的计算依据围填海计划台账软件系统和《围填海计划台账数据检查情况月报》的相关数据进行统计。

（1）台账数据填报及时性：80%（含）以上的，有江苏；60%（含）至80%的，有河北省；其余省市均低于60%。

（2）台账数据填报准确度：85%（含）以上的，有天津、广东、河北、福建；60%（含）至80%的，有山东、江苏、上海、浙江、辽宁；60%以下的，有广西。

（四）附加指标：集约节约利用程度指标值

集约节约利用程度指标为附加指标，指标项的设置依据国家不同时期的宏观调控政策和海域管理形势进行增补和更新。目前设置的集约节约利用程度指标分为单位固定资产投资额建设用围填海计划指标消耗、区域建设用海规划内聚集程度、海域使用权市场化配置率3项。

其中，单位固定资产投资额建设用围填海计划指标消耗计算中，考核年度围填海台账中固定资产投资为0的，视为填写不完善，在计算该指标值时进行剔除；区域建设用海规划内聚集程度指标中规划内可安排面积按照考核年度对区域建设用海规划实施情况统计数据为准进行计算如表5-6所示。

表5-6 沿海省（自治区、直辖市）某年度集约节约利用程度指标值

地区	单位固定资产投资额建设用围填海计划指标消耗（平方米/万元）	区域建设用海规划内聚集程度	海域使用权市场化配置率
辽宁	—	2.77%	0
河北	1.72	5.30%	51.75%
天津	6.58	4.78%	0
山东	0.21	0.73%	0
江苏	4.73	5.96%	0
上海		0	0
浙江	2.24	6.20%	74.92%
福建	4.68	6.69%	0
广东	—	0	0
广西	1.80	0	0
海南	—	0	0

注：上表中的各项数据均采用围填海计划台账管理系统中的数据进行计算。由于围填海计划台账管理系统对其中涉及的部分基础数据项未做硬性的填报要求，故数据全面性和准确性仍有待进一步核实，计算数值仅供参考。

（1）单位固定资产投资额消耗建设用围填海计划指标：消耗较小的前三位，为山东、河北、广西；消耗较大的末三位，为天津、江苏、福建；其余省市（包含年度未

核减指标的）取中值。

（2）区域建设用海规划内聚集程度：位次前三位的为福建、浙江、江苏；广东、广西、海南、上海区域用海规划内未安排指标，其余省市为中值。

（3）海域使用权市场化配置率：仅浙江和河北拟考核年度安排建设填海项目进行市场化配置，配置率分别为74.92%和51.75%。

二、综合考评情况

依据考核指标体系和计算方法，对11个沿海省（自治区、直辖市）某年度围填海计划考核的各指标进行分值模拟计算如表5-7所示。

表5-7 某年度沿海省（自治区、直辖市）围填海计划考核指标分值

指标层	考核指标项	辽宁	河北	天津	山东	江苏	上海	浙江	福建	广东	广西	海南
违法违规行为指标	是否没有安排建设用（或农业用）围填海计划指标擅自批准建设用（或农业用）围填海项目	60	60	60	60	60	60	60	60	60	60	60
	是否建设用围填海计划指标和农业用围填海计划指标混用											
	是否存在其他违法违规操作行为											
计划指标使用情况指标	（考核年度）计划指标执行率	6	6	12	0	12	0	12	0	0	0	0
	（考核年度）计划指标核减率	0	2	3	3	2	2	0	0	0	3	0
	（考核前一年度）计划指标核减率	3	3	6	6	6	0	3	3	0	0	3
	（考核前两年度）计划指标核减率	5	9	9	5	9	0	9	5	0	0	9
台账管理规范性指标	台账数据填报的及时性	0	3	0	0	5	0	0	0	0	0	0
	台账数据填报的准确度	3	5	5	3	3	3	5	5	5	0	3
	基础分值合计	77	88	95	77	97	65	87	73	65	68	75
集约节约利用程度指标	单位固定资产投资额建设用围填海计划指标消耗	4	8	0	4	0	0	4	0	4	8	4
	区域用海规划内聚集情况	4	4	4	4	8	4	8	8	0	0	0
	海域使用权市场化配置率	0	4	0	0	0	0	4	0	0	0	0
	附加分值合计	8	16	4	12	8	8	16	8	4	8	4

从模拟综合考评的分值来看，各省（自治区、直辖市）基础分值较高的分别为江苏、天津、河北、浙江，上述地区考核年度的指标执行率较高，已安排计划指标的核减情况较好，且在围填海计划台账数据填报方面也明显优于其他省市。

针对集约节约利用程度的附加考核中，得分较高的是河北、浙江和山东；而基础分值较高的天津和江苏，在集约节约的三项考核指标中未占据优势。总体来看，附加分值和基础分值的关联度较小，更加侧重于体现经济"新常态"下对于资源节约集约的战略要求。浙江、河北在全国率先实行围填海项目海域使用权出让政策，在附加分

值中予以鼓励；河北等地出台政策性文件，控制新上马建设用海项目的投资强度、引导产业向工业区聚集取得一定成效，也在附加分值中予以体现。

按照本章提出的考核指标体系，基础分值（85分及以上）和附加分值（12分及以上）均高者，为优秀；基础分值和附加分值均较高，且单项分值突出者，为良好；围填海计划管理中不存在其他违法违规操作行为的，即为合格。

从学术研究的角度对某年度围填海计划执行情况考核成绩模拟评估结论如下：河北、浙江为优秀；天津、山东、江苏为良好；其他省（自治区、直辖市）为合格。如经监督检查，发现存在某项违法违规行为的，则年度考核结论一律为不合格。

第四节　考核奖惩机制研究

围填海计划考核奖惩机制应该遵循激励机制的普遍规律。只有通过将多种激励手段规范化和相对固定化，并与制度执行者之间发生相互作用，才能更好地促进完善的测度设计转化为具体实施的事实。

一、激励机制的内涵

在经济学中，激励是一种制度安排，是委托人通过特定的制度去激发和鼓励代理人采取有利于委托人的行为，同时为维护自身利益，防止代理人的投机行为和道德风险，用制度规定代理人的行为边界并明确代理人违规时须付出的代价，以此把代理人的行为限制在一定的范围之内。激励只有形成机制，才能持续有效地发挥作用。激励机制，是激励主体通过激励因素或激励手段与激励客体之间相互作用的关系的总和。

二、奖惩机制设计

（一）纳入地方政府政绩考核

将围填海计划考核情况纳入到政府绩效考核体系中，与绩效考核结合起来，既用良好的激励去促进绩效考核的顺利进行，又以绩效考核为手段，促进激励机制的形成。因为政绩考核的标准和考核结果的运用对施政者创造政绩的态度和过程具有较强的导向和反馈作用，考核什么、如何考核、考核以后怎么办等将会主导各级班子和干部做什么、如何做、做到什么程度等问题的选择。所以将围填海计划考核纳入到考核体系之中可以使地方政府更加重视围填海计划管理。

（二）"超一扣五"

没有安排建设用（或农业用）围填海计划指标擅自批准建设用（或农业用）围填海项目的，按照"超一扣五"的比例在该地区下一年度核定计划指标中予以相应扣减。

依据为:

《围填海计划管理办法》第十九条:超计划指标进行围填海活动的,一经查实,按照"超一扣五"的比例在该地区下一年度核定计划指标中予以相应扣减。

《全国海洋功能区划(2011—2020年)》第三节:加强围填海计划执行情况的评估和考核,对地方围填海实际面积超过当年下达计划指标的,暂停该省(自治区、直辖市)围填海项目的受理和审查工作,并严格按照"超一扣五"原则扣减下一年度指标。

(三)中央围填海计划指标调剂追加

地方围填海计划指标需追加时,对考核不合格的,不予追加;对考核合格的,追加指标量在追加申请指标的基础上扣减一定比例。依据为:

《围填海计划管理办法》第十四条:地方围填海计划指标确需追加的,由省级海洋行政主管部门会同发展改革部门联合向国家发展改革委和国家海洋局提出书面追加指标申请,经审核确有必要的,从中央年度围填海计划指标中适当调剂安排。追加指标由国家发展改革委会同国家海洋局联合下达。

(四)围填海计划分省方案

对考核不合格的,编制下年围填海计划草案阶段,在该省分省方案建议基础上扣减一定比例;考核结果合格,但综合考虑计划指标(考核年度)执行率单项指标,连续三年节余较多(执行率低于70%)的,认为该省提出的计划指标建议违背"适度从紧"、"节约集约用海"等基本原则,属于围填海计划执行后进行为,直接导致了围填海计划执行效率的低下,应在下年该省分省方案建议基础上扣减一定比例。依据为:

《围填海计划管理办法》第七条:沿海各省(自治区、直辖市)海洋行政主管部门会同发展改革部门根据海洋功能区划、海域资源特点、生态环境现状和经济社会发展需求等实际情况,组织填报本级行政区域的围填海(建设用围填海和农业用围填海)计划指标建议,并按要求同时报送国家海洋局和国家发展改革委。省级围填海计划指标建议中,计划单列市相关指标予以单列。

第八条:省级围填海计划指标建议要充分体现节约集约用海的基本原则。如计划指标建议规模确需增加,额度不得超过本地区前三年围填海项目审批确权年度平均规模的15%。

第九条:国家海洋局在各地区上报围填海计划指标建议的基础上,根据海洋功能区划、沿海地区围填海需求和上年度围填海计划执行等实际情况,经征求有关部门意见后,提出全国围填海计划指标和分省方案建议,报送国家发展改革委。

第十条:国家发展改革委根据国家宏观调控和经济社会发展的总体要求,在国家海洋局提出的全国围填海计划指标和分省方案建议的基础上,按照适度从紧、集约利用、保护生态、海陆统筹的原则,经综合平衡后形成全国围填海计划草案,并按程序纳入国民经济和社会发展年度计划体系。

（五）与国家宏观调控政策进一步结合

围填海计划管理是国家宏观调控体系的重要组成部分，但在权威性方面远不如其他行业，可以逐步尝试围填海计划考核结果与国有建设用地计划、国家财政税收政策挂钩。例如，可以根据不同地区的围填海计划执行情况，给予执行情况良好的地区以税收或财政补贴，或基础设施建设投资倾斜，以改善投资环境，降低这些地区投资者的成本，以促进其经济发展；相反，对围填海执行情况较差的地区，应该执行根据相对严格的产业准入门槛、基础设施建设用地标准，甚至压缩所在地区的建设用地计划指标和计划外用地指标，以约束经济粗放增长和围填海的低效利用。

（六）国家海洋局行政审批权力约束

1. 报国务院批准的项目用海审批

对围填海计划考核不合格的，对所在地区报国务院批准的项目用海严格审查，对除国家重大建设项目用海、国防建设项目用海之外的项目用海，按《报国务院批准的项目用海审批办法》四（十一）规定视为不符合国家法律、法规的规定和有关政策处理，按《属地受理、逐级审查报国务院批准的项目用海申请审查工作规则》二（一）严格控制填海和围海项目的规定，暂停受理。

2. 区域用海规划审批

对围填海计划考核不合格的，根据《关于加强区域建设用海管理工作的若干意见》、《关于加强围填海规划计划管理的通知》的规定，暂停审批该地区区域用海规划。

（七）其他方式

1. 公示公告

将考核结果在国家海洋局网站、国家发改委网站进行公示公告。

2. 精神激励

精神是力量的源泉和工作的动力。中央政府应在适当时候对围填海计划执行、集约节约用海突出的沿海地区给予相应的荣誉，如表扬、表彰、嘉奖、记功、授予光荣称号、奖章、奖品等。同时，还可以通过树立榜样，起到激励其他地区努力进取，争做先进的作用。

第六章　围填海计划台账管理系统建设

《围填海计划管理办法》明确提出："国家海洋局和沿海各省（自治区、直辖市）海洋行政主管部门应当建立围填海计划台账管理制度，对围填海计划指标使用情况进行及时登记和统计。"围填海计划台账管理系统，以全面贯彻落实国家围填海计划管理制度为主旨，以加强围填海项目监管、服务围填海计划指标宏观调控为目标，依托海域动态监视监测系统专线网络，实现对计划指标下达、安排、核减等过程的动态管理与实时统计，并与围填海项目申请审批环节的信息填报等模块进行有效衔接。

第一节　系统建设总体要求

一、建设目标

根据围填海计划管理制度，结合围填海计划及时登记、统计和分析的管理需求，确立围填海计划台账管理系统建设的主要目标如下：

建立国务院和沿海省、自治区、直辖市人民政府审批的建设用和农业用围填海项目台账管理体系，形成年度围填海项目安排、核减登记台账，分时段统计中央和各省、自治区、直辖市（含计划单列市）围填海计划执行情况，从而为围填海计划管理和监督检查提供辅助信息支撑。通过台账管理系统建设，将围填海计划管理与海域使用申请审批业务流程等进行有机衔接，实现围填海项目管理流程一体化，保证国家及时掌握各地围填海项目审批管理情况，为围填海年度指标建议的编报与调剂，以及围填海管理政策的研究制定提供数据支撑。

二、建设原则

（一）台账管理系统填报内容尽可能全面完整

除满足每季度上报的计划执行情况之外，围填海计划台账设计的内容尽可能涵盖全面完整的数据项。在考虑可行性的基础上，争取通过台账系统建设，较为全面地收集我国围填海项目的相关基础数据。

（二）台账管理系统实行分级管理、统一汇总

国家海洋局和沿海省、自治区、直辖市的围填海计划台账管理系统独立管理与运

行，通过数据同步功能实现国家台账管理系统与地方台账管理系统之间的数据实时传送。同时，各省、自治区、直辖市（含计划单列市）每季度向国家海洋局正式报送围填海计划台账数据，由国家海洋局统一汇总备案，保证围填海计划台账数据的权威性和准确性。

（三）台账管理系统功能实用完善、与相关业务系统有效衔接

台账管理系统设计应吸收借鉴土地、矿产等相关行业管理系统的建设经验，同时充分体现围填海计划管理的实际需求，与海域使用申请审批系统在框架设计、数据交换、展示方式等方面进行有效衔接，便于用户尽快适应和熟悉掌握，确保台账管理系统的实用性和易用性。

三、基本术语

为保证台账管理系统建设的科学性和规范性，参照信息系统建设、空间数据处理的有关标准，以及海域管理和围填海计划管理中的规范要求，对台账系统设计、开发与运行中涉及的基本术语约定解释如下：

（1）地理坐标：是指确定地球表面某一位置的纬度和经度的角度参数。

（2）空间坐标：是指具有地理坐标的集合要素。

（3）关系型数据：是指使用二维表结构表示的数据。

（4）地理信息系统 GIS（Geographic Information System）：是指完成地理空间数据的输入、编辑、显示、存储、分析和输出的计算机系统。

（5）WEBGIS：是指利用互联网建设的地理信息系统。

（6）B/S（Browser/Server）：是指浏览器/服务器软件体系结构。

（7）XML（eXtensible Markup Language）：是一种扩展的标记语言。XML 提供表示数据的文件格式、描述数据结构的计划，以及用语义信息扩展和注释 HTML 的机制。

（8）GUID：是指标识某一申请确权用海项目的唯一代码。

（9）卫星遥感（Satellite Remote Sensing）：是指以人造地球卫星作为遥感平台的各种遥感技术系统的统称。利用卫星对地球和底层大气进行光学和电子观测，不接触地物目标，用遥感器获取地物目标的电磁波信息，经处理和分析后，揭示地物目标属性及其变化规律的科学技术。

（10）空间分辨率（Spatial Resolution）：又称为地面分辨率，描述遥感器所能观测到的最小目标大小的一种性能参数，即可识别的最小地面距离或最小目标的大小；而针对遥感器或图像而言的空间分辨率又指遥感器区分两个目标的最小角度或线形距离的度量。

（11）几何校正（Geomatric Correction）：遥感器本身产生的变形、扫描畸变或者扫描过程中遥感平台的位置、遥感器的扫描范围、投影类型、地球曲率及空气折射等原因，致使原始遥感图像中通常包含严重的几何变形。几何校正的目的就是校正这些因素引起的图像变形，从而使之实现与标准图像或地图的几何整合。

（12）影像地图（Photographic Map）：是指将航空和航空遥感影像进行几何纠正，并配以线划要素少量注记得到的地图。

（13）专题图（Thematic Map）：是指突出反映自然和社会某一种或几种主题要素或现象的地图。

（14）海域使用（Exploitation of Sea Area）：在内水、领海持续使用特定海域3个月以上的排他性用海活动。包括渔业用海、交通运输用海、工矿用海、旅游娱乐用海、海底工程用海、排污倾倒用海、围海造地用海、特殊用海及其他用海。

（15）海域使用界址点：是指海域使用权属界线的拐点。

（16）宗海：指被权属界址线所封闭的一个用海单元。

（17）海洋功能区划（Division of Marine Functional Zone）：是指按各类海洋功能区的标准（或称指标标准）把某一海域划分为不同的类型的海洋功能区单元的一项开发与管理的基础性工作。

（18）建设用围填海计划指标：是指用于建设填海造地和废弃物处置填海造地的围填海指标。不得与农业用围填海计划指标混用。

（19）农业用围填海计划指标：是指用于发展农林牧业的围填海造地，不包括围海养殖用海。不得与建设用围填海计划指标混用。

（20）下达指标：是指国家发展改革委下达的年度全国围填海计划。地方年度围填海计划只下达到省、自治区、直辖市及计划单列市，不得往下级分解；中央年度围填海计划不下达地方。

（21）追加指标：是指在年度全国总指标内由国家海洋局统一调配到地方的计划指标。追加指标后中央年度围填海计划指标和地方年度围填海计划指标减少或增加相应数值。在台账系统中中央年度围填海计划指标的追加指标表现为负值。

（22）安排指标：是指通过海洋行政主管部门安排的围填海项目所取得的安排围填海计划指标（包括已核减项目占用的指标）。

（23）核减指标：是指经海洋行政主管部门批准的围填海项目的实际批准围填海面积。

（24）补充安排指标：对于核减指标数大于指标安排的，应在批准项目用海当年就超出部分另行安排指标。补充安排指标占用核减年度的计划指标。同一用海项目不得多次补充安排指标。

（25）剩余指标：是指计划年度内未安排使用的围填海计划指标。

（26）作废指标：是指年度围填海计划指标未得到有效使用的部分，包括：通过预审但计划指标过期或作废项目用海的围填海指标，以及往年未安排的围填海指标等。

第二节　系统总体设计

一、总体设计思路

　　台账管理系统依托于国家海洋局已有的海域动态监视监测专网运行，实现与海域使用申请审批系统的功能和数据衔接。台账管理系统采用了 B/S 架构设计，设置分级的权限管理体系，可以分用户和角色定义系统菜单、模块权限，可以通过用户所属节点进行数据一级权的权限过滤和管理。采用国家、省两级部署的原则进行设计，如果省节点部署台账管理系统并开启了数据同步功能，用户可以直接在本级系统录入围填海计划管理台账资料；如果省级没有部署系统，则可登录国家级台账管理系统进行数据录入。台账管理系统整理了全国多比例尺基础海图数据和各年度低精影像、高精影像、航拍影像、全国海域使用确权数据以及全国各省市功能区划与区域规划数据，作为围填海计划数据分析的辅助性资料。录入围填海项目界址点后，可以叠加各种基础影像数据和业务专题数据进行查看和分析。围填海计划台账管理系统总体框架，如图6.1 所示。

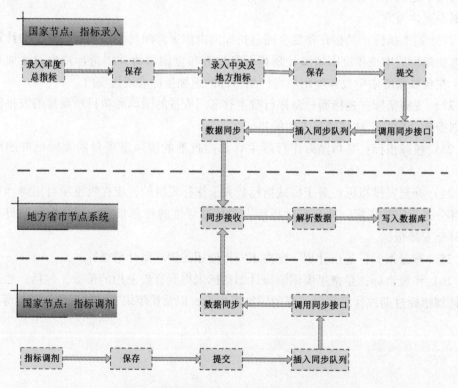

图 6-1　围填海计划台账管理系统总体框架

二、功能结构设计

台账管理系统采用多层架构设计，实现图文一体化操作。根据围填海计划台账管理要求，设计了六个主模块分别为：指标总览、指标安排、指标核减、业务提醒、信息审核和报表统计。另外，通过系统对接、数据同步两个辅助模块，实现与海域使用申请审批系统的业务衔接，以及国家和地方节点间的数据交换。

（1）指标总览模块：主要功能是对建设用和农业用围填海计划指标的下达和调剂，多视图浏览和导出各年度中央和各省、自治区、直辖市（含计划单列市）围填海计划指标执行情况。

（2）指标安排模块：主要功能是中央和各省、自治区、直辖市对围填海项目进行指标安排，对指标安排情况进行分类查看和统计分析。

（3）指标核减模块：主要功能是中央和各省、自治区、直辖市对已安排的围填海项目进行指标核减，对指标核减情况进行分类查看和统计分析。

（4）业务提醒模块：主要功能是对到期未核减项目和经人工检查存在问题的项目进行提醒，并提供修改接口。

（5）信息审核模块：主要功能是对安排和核减后的围填海指标项目进行信息审核，围填海项目核减并审核通过后才能利用开展海域使用权证书的统一配号。

（6）报表统计模块：主要功能是统计各审批机关对建设用海和农业用海指标的指标管理情况、核减项目分类型统计情况、核减项目分地区统计情况和核减项目清单和台账报表的导出。

（7）系统对接模块：主要功能是实现与海域使用权属登记系统的信息关联与共享，避免数据冗余和数据口径多样。

（8）数据同步模块：主要功能是实现国家和省级台账管理系统数据的同步传输，保证省级系统中录入的数据实时上传到国家系统，国家系统实时向下分发省级系统所需的公共数据。

围填海计划台账管理系统功能结构，如图6-2所示。

三、系统建设标准与规范

台账管理系统设计与建设主要参照和遵循如下标准规范：

（1）《信息处理系统 计算机系统配置图符号及其约定》（GB/T 14085-93）

（2）《文件格式分类与代码编制方法》（GB/T 13959-82）

（3）《标准体系表编写原则和要求》（GB/T 13016-91）

（4）《计算机软件需求说明编制指南》（GB 9385-88）

（5）《计算机软件质量保证计划规范》（GB/T 12505-90）

（6）《海域使用动态监视监测数据库建设技术规程（暂行）》

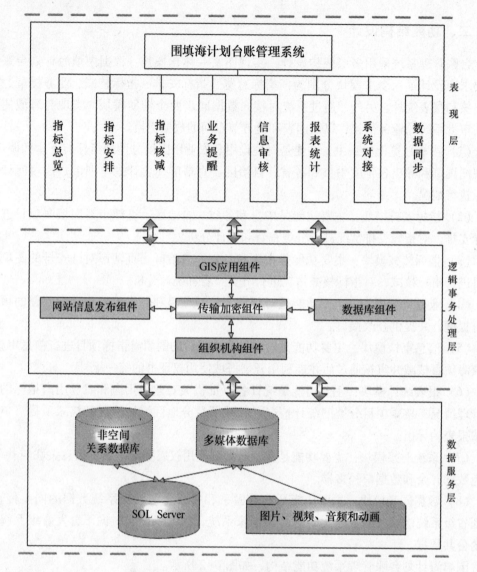

图 6-2　围填海计划台账管理系统功能结构

四、系统环境搭建

(一) 运行环境

系统依托于已有的海域动态监视监测专线网络运行，采用分布式部署的原则，通过数据交换平台，实时稳定的进行数据的交换与同步。台账管理系统运行环境要求，如表6-1所示。

表 6-1　台账管理系统运行环境要求

序号	类别	软件及版本
1	服务器操作系统	Windows Server 2010 及以上版本
2	服务器端数据库系统	Microsoft Sql Server 2010 及以上版本
3	客户端操作系统	Windows 2000、IE8 及以上版本

（二）开发环境

系统采用 Microsoft. Net Framework 3.5 进行开发，具体开发语言为 C#。数据库采用 Sql Server 2010。

第三节　数据库结构设计

围填海计划台账数据库由指标信息数据库、项目信息数据库和空间信息数据库 3 个核心数据库构成。数据库设计建设过程中，采取统一标准、统一设计的方式，依托成熟的数据库技术和商业化软件平台，为围填海计划管理提供系统、丰富、权威、可靠的基础数据集和主题数据集。

一、指标信息数据库

（一）数据库构成

指标信息数据库用于存储年度围填海计划指标的下达和追加信息，由指标下达数据库和指标追加数据库构成。

（二）数据库结构

指标下达数据库设计了 GUID、行政区划代码、下达年份、下达建设用指标额度、下达农业用指标额度、下达时间、下达文件文号、录入人、录入时间等 10 个字段。其中，行政区划代码关联省级节点配置表，用于同步更新省级节点的相应信息。指标下达数据库结构设计，如表 6-2 所示。

表 6-2　指标下达数据库结构设计

序号	字段名	数据类型	长度	是否为主键	是否允许空值	说明
1	FS_ ID	Varchar	40	是	否	GUID
2	QH_ ID	Varchar	6	否	否	行政区划 ID

续表

序号	字段名	数据类型	长度	是否为主键	是否允许空值	说明
3	FS_ XDTime	Datetime		否	否	下达时间
4	JHYear	Number	4	否	否	指标年度
5	XDJSZB	Double	8	否	否	下达建设指标额度
6	XDNYZB	Double	8	否	否	下达农业指标
7	AddTime	Datetime	8	否	否	录入时间
8	AddUser	Varchar	20	否	否	录入人
9	FS_ isSubmit	Bit		否	否	是否提交
10	FS_ DispatchNum	Varchar	50	否	否	发文文号

指标追加数据库设计了追加年度、追加建设用指标额度、追加农业指标额度、追加时间、追加文件文号等 11 个字段。由于追加指标主要从中央围填海计划指标中进行统筹调配，中央指标中相应的追加指标为负值。指标下达数据库结构设计，如表 6-3 所示。

表 6-3   指标下达数据库结构设计

序号	字段名	数据类型	长度	是否为主键	是否允许空值	说明
1	FS_ GUID	Varchar		是	否	GUID
2	QH_ ID	Varchar	6	否	否	行政区划 ID
3	JHYear	Number	4	否	否	追加年度
4	JPTime	Datetime	8	否	否	追加时间
5	FS_ DispatchNum	Varchar	50	否	否	发文文号
6	TPJSZB	Double	8	否	否	追加建设指标
7	JPNYZB	Double	8	否	否	追加农业指标
8	AddTime	Datetime	8	否	否	录入时间
9	AddUser	Varchar	20	否	否	录入人
10	FS_ isSubmit	Bit		否	否	是否提交
11	Remark	Varchar	500	否	是	备注

二、项目信息数据库

（一）数据库构成

项目信息数据库用于存储围填海项目的基本信息及与之对应的附件材料，包括项目基本信息数据库和项目附件信息数据库。项目信息数据库是台账管理系统的核心数据库，通过项目信息数据库的有关字段，可以实时汇总计算年度指标安排额度、核减额度、剩余额度等指标执行的基本情况。

（二）数据库结构

项目基本信息数据库包含：项目名称、项目性质、用海位置、用海类型、用海方式、平面设计方式、项目投资金额等项目属性信息；申请人、申请时间、申请面积、受理人、受理时间、受理机关等申请受理信息；出具预审文件时间、预审人、预审机关、立项机关、立项日期、安排填海面积等指标安排信息；批准时间、批准文号、批准机关、批准填海面积等指标核减信息；以及项目状态、审核状态、审核意见等项目审核管理信息。项目基本信息数据库结构设计如表6-4所示。

表6-4　项目基本信息数据库结构设计

序号	字段名	数据类型	长度	是否为主键	是否允许空值	说明
1	ProGUID	varchar	32	是	否	项目 GUID
2	FS_ ProName	nvarchar	100	否	否	项目名称
3	FS_ AppUserName	nvarchar	100	否	是	申请人
4	FS_ ApplyDate	datetime		否	是	申请时间
5	FS_ ApplyArea	float	100	否	是	申请面积
6	FS_ ProKind	varchar	10	否	否	项目性质
7	FS_ TargetType	varchar	10	否	否	指标类型 （建设用、农业用）
8	FS_ QHID	varchar	6	否	否	项目所属行政区域
9	FS_ UseType	char	2	否	否	用海类型
10	FS_ UseWay	char	2	否	否	用海方式
11	FS_ XMTZJE	float	7	否	否	项目投资金额
12	FS_ PMSJType	nvarchar	20	否	否	平面设计方式
13	FS_ Accepter	nvarchar	100	否	是	受理人
14	FS_ AcceptUnit	varchar	7	否	是	受理机关
15	FS_ AcceptDate	datetime		否	是	受理时间
16	FS_ AddUserName	varchar	20	否	否	录入人
17	FS_ AddUserUnit	varchar	7	否	否	录入人所属单位
18	FS_ AddTime	datetime	8	否	否	录入时间

序号	字段名	数据类型	长度	是否为主键	是否允许空值	说明
19	FS_ Address	nvarchar	100	否	否	项目具体位置
20	FS_ Remark	varchar	500	否	是	备注
21	FS_ YSTime	datetime		否	否	出具预审文件时间
22	FS_ APTHArea	float		否	否	安排填海面积
23	FS_ YSUserName	varchar	20	否	否	预审人
24	FS_ YSUnit	varchar	7	否	否	预审机关 ID（关联节点配置表）
25	FS_ Status	varchar	10	否	否	状态（-1 申请、0 安排、1 通过、2 作废）
26	FS_ ApprovalNum	varchar	20	否	否	批准文号
27	FS_ PZTime	datetime	1	否	否	批准时间
28	FS_ PZTHArea	float		否	否	批准填海面积
29	FS_ PZUnit	varchar	7	否	否	批准机关 ID（关联配置表）
30	FS_ HJZFReason	varchar	2 000	否	否	作废原因
31	FS_ SubtractUser	varchar	20	否	否	核减录入人
32	FS_ SubtractUnit	varchar	7	否	否	核减录入人所属单位
33	FS_ SubtractTime	datetime		否	否	核减录入时间
34	ISPost	bit		否	否	是否提交
35	SAT_ ID	varchar	40	否	否	证书 GUID
36	FS_ ProStatus	varchar	50	否	否	确权项目状态
37	FS_ LiXiangUnit	varchar	50	否	否	立项机关
38	FS_ LiXiangDate	datetime		否	否	立项日期
39	FS_ YSNum	varchar	50	否	否	出具预审文件文号
40	FS_ ISAudit	int		否	否	审核状态
41	FS_ AuditOpinions	text		否	否	审核意见

　　项目附件信息数据库用于指标安排证明文件、项目立项文件、指标核减证明文件、补充安排指标证明文件、指标作废证明文件等五类文件信息。其中，指标安排证明文件可以为项目用海预审文件或指标安排意见文件等；指标核减证明文件可以为项目用海批复文件或海域使用权出让合同等。项目附件信息数据库包含附件编号、附件名称、

附件类型、存放路径、文件大小、上传时间、上传人等字段。项目附件信息数据库结构设计如表 6-5 所示。

表 6-5 项目附件信息数据库结构设计

序号	字段名	数据类型	长度	是否为主键	是否允许空值	说明
1	FS_ ProGUID	varchar	40	否	否	项目 GUID（外键）
2	FS_ FileGUID	varchar	40	是	否	附件编号
3	FS_ FileName	nvarchar	100	否	否	附件名称
4	FS_ FileType	number	2	否	否	附件类型
5	FS_ FilePath	nvarchar	200	否	否	存放路径
6	FS_ FileSize	Float	8	否	否	文件大小
7	FS_ AddTime	datatime	8	否	否	上传时间
8	FS_ AddUser	varchar	20	否	否	上传人

三、空间信息数据库

围填海计划台账管理系统依托海域动态监视监测系统专网建设运行，是海域动态监视监测体系的重要组成部分，为确保与海域使用申请审批系统、海域使用权登记系统等相关系统实现资源共享与功能衔接，台账系统并未独立建设空间数据库，而是通过对已有空间数据库的读写访问实现相应的功能。

该空间数据库主要由基础地理数据库、遥感影像数据库和专题地理数据库三部分组成。其中，基础地理数据库包含 1∶25 万、1∶10 万、1∶5 万三个比例尺系统，涵盖全部海域及近岸陆域部分的海岸线、等深线等海洋要素和部分陆地水系、居民地、交通、境界、地形等要素信息；遥感影像数据库包含覆盖全海域的多时像、多来源的中高分辨率的卫星遥感和部分海域的航空遥感影像数据；专题地理数据库包含海洋功能区划、区域用海规划、海域使用权属图等专题的空间信息。

第四节　系统功能模块研发

围填海计划台账管理系统由指标总览、指标安排、指标核减、业务提醒和报表统计 5 个核心的前台模块，以及信息审核、系统对接、数据同步 3 个辅助的后台模块组成。各模块均按照建设用和农业用围填海计划指标两部分单独管理。由于建设用围填海和农业用围填海的主要功能基本一致，以下功能介绍仅以建设用围填海计划指标为例。

一、指标总览模块

指标总览主要包括年度下达指标录入、年度指标调剂和历年度围填海指标执行情况总览等功能。

（一）指标下达功能

全国围填海年度计划指标包括中央年度围填海计划指标和地方年度围填海计划两部分，全国围填海年度计划经全国人民代表大会审议后纳入国民经济和社会发展年度计划体系，不得更改。指标调剂是指经国家发改委和国家海洋局联合批复后，从中央指标中调配补充地方围填海计划指标。

年度下达指标编辑和指标调剂的权限可以在系统后台进行定义，只有国家节点中具有指定权限的账号才能进行指标下达和追加。同时系统可以在后台定义哪些角色可以查看指标分配模块，指标下达和追加完后，系统将各省市自己的指标数据同步到地方系统，地方系统只能查看自己的指标数据。年度围填海计划指标下达操作界面，如图 6-3 所示。

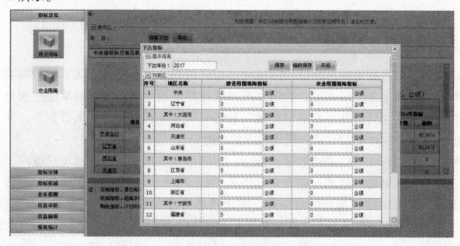

图 6-3   年度围填海计划指标下达操作界面

指标录入过程中设置了相应的逻辑校验功能，如：计划单列市指标不能大于所在省指标；各省（自治区、直辖市）指标与中央指标之和，与全国指标一致；等等。指标录入完毕后，各省（自治区、直辖市）以及计划单列市的指标数据，同步更新到地方系统。系统中不能再对指标数据进行编辑和修改操作，只能进行指标调剂。

（二）指标调剂功能

对于本年度的指标，系统可以进行多次调剂；往年的指标，系统不能进行调剂操作。若本年度已经进行了指标调剂，系统会自动列出已经进行指标调剂的发文时间和文号，同时也可以继续进行指标调剂操作。指标调剂操作中，用户需要录入各省（自治区、直辖市）与计划单列市的调剂额度、发文时间、发文文号等，系统将自动计算中央将要调配给地方的指标。调剂指标正式生效后不能修改。年度围填海计划指标调剂操作界面，如图6-4所示。

图6-4 年度围填海计划指标调剂操作界面

（三）执行情况总览功能

执行情况总览功能是对历年度下达指标、安排指标、核减指标、指标执行率等主要要素，以表格形式进行直观的展示。以"中央"节点权限用户登录台账管理系统，可查看全国围填海计划指标使用情况；以"地方"节点权限用户登录，仅可以查看本省（自治区、直辖市）围填海计划指标使用情况。

1. 全国围填海计划指标执行情况总览

以"中央"节点权限用户登录，可浏览查看"中央指标执行情况表"、"全国指标执行情况表1"和"全国指标执行情况表2"三类表格。

其中，"中央指标执行情况表"主要描述中央围填海计划指标使用情况，以及国家海洋局安排项目在各省（自治区、直辖市）的分布情况；"全国指标执行情况表1"按照计划指标使用审批权限，分别描述中央和各省、自治区、直辖市（含计划单列市）指标使用情况；"全国指标执行情况表2"按照围填海项目所属地域，分别描述位于各省、自治区、直辖市（含计划单列市）的围填海项目计划指标审批情况。

2. 台账明细查看与导出

指标执行情况总览表在"项目个数"列中设置了链接功能，通过链接可直接快捷地查看相应的围填海项目指标使用明细。

全国围填海计划指标执行情况总览界面，如图6-5所示。

二、指标安排模块

指标安排模块的基本功能要求为：实行审批制和核准制的涉海工程建设项目，在取得预审意见后，在台账系统中进行指标安排信息填报，并上传建设项目用海预审意见原

图 6-5　全国围填海计划指标执行情况总览界面

件的扫描件；实行备案制的涉海工程建设项目，在取得指标安排意见后，在台账系统中进行指标安排信息填报，并上传建设项目围填海计划指标安排意见原件的扫描件。

（一）指标安排入口功能

在该模块中，系统提示本年度剩余指标额度，用户首选拟取得海域使用权的方式，分别为申请审批方式或招标拍卖方式，然后根据不同方式，填写指标安排的相应信息。指标安排入口界面，如图 6-6 所示。

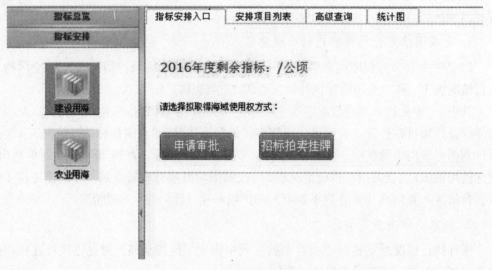

图 6-6　指标安排入口界面

1. 海域使用权取得方式为"申请审批"

填写项目基本信息，具体包括项目名称、申请人、项目性质、所属行政区域、用海类型、用海方式、受理机关、是否在区域建设用海规划内、项目具体位置、备注等；

填写指标安排信息，具体包括项目立项方式（审批制和核准制项目、备案制项目）、立项机关、指标安排时间、指标安排文件文号、安排指标额度、指标安排机关等；同时，在指标安排相关文件中上传项目用海预审意见或指标安排意见文件。申请审批方式项目指标安排信息的填写界面，如图 6-7 所示。

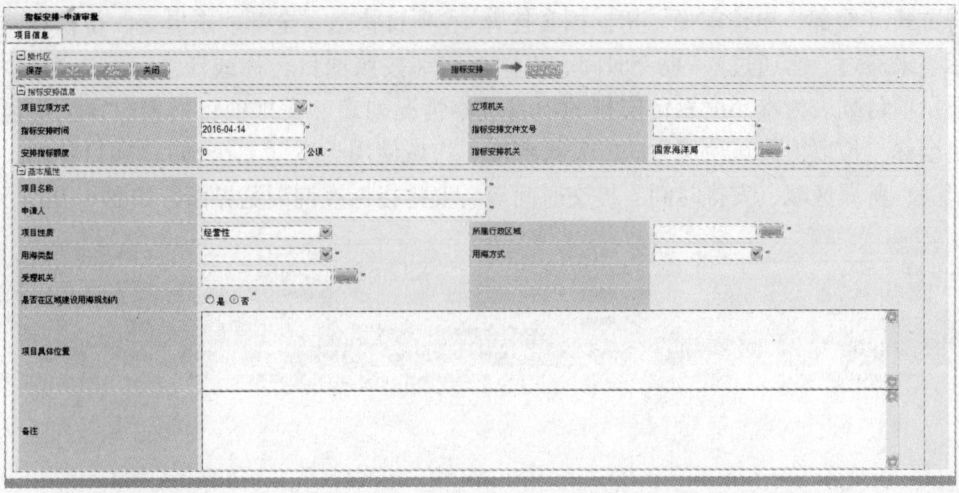

图 6-7　申请审批方式项目指标安排信息的填写界面

2. 海域使用权取得方式为"招标拍卖和挂牌等市场化出让行为"

填写项目海域使用权招拍挂基本信息，具体包括出让方案名称、用海方式、所属行政区域、宗海单元个数、招拍挂方案制定单位、是否在区域用海规划内、项目具体位置、备注等；填写指标安排信息，具体包括项目立项方式、指标安排时间、指标安排文件文号、安排指标额度、指标安排机关等；填写宗海区块信息，具体包括区块编号、用海类型、填海面积等；同时，在指标安排相关文件中上传指标安排意见文件。招标拍卖方式项目指标安排信息的填写界面，如图 6-8 所示。

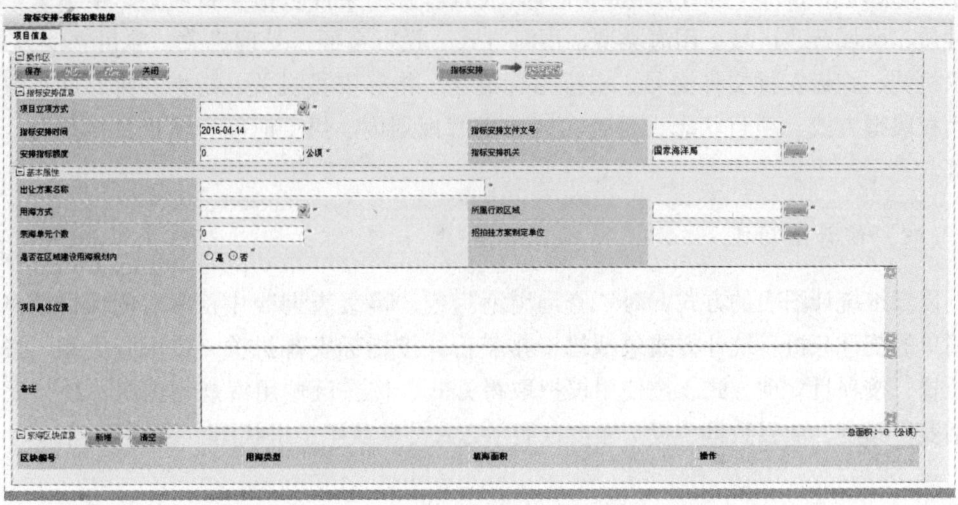

图 6-8　招标拍卖方式项目指标安排信息的填写界面

（二）安排项目列表功能

可按照单一或组合查询条件，对安排项目进行查询和浏览。主要的查询包括：安排年度、指标使用阶段（全部、安排已核减、安排未核减）、安排机关、海域使用权拟取得方式（全部、申请审批、招标拍卖挂牌）、项目状态（全部、未提交、待检查、待请示、未通过、已通过）、提交时间、模糊查询（按照项目名称或任意字符查询）。默认显示项目列表为本年度累计安排的项目基本情况列表。安排项目列表内容主要包括项目名称、拟取得海域使用方式、安排额度、海域使用类型（二级类）、项目状态、安排机关、所属区域、安排时间、提交时间等。安排指标查询浏览界面，如图6-9所示。

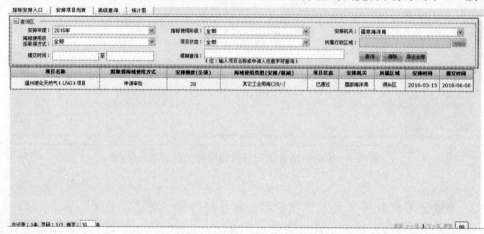

图6-9　安排指标查询浏览界面

（三）高级查询功能

按照指标安排阶段填报的所用信息，进行任意组合设置其查询条件，查询结果以"查询结果列表"和"统计图"两种方式表现。查询条件包括项目名称、申请人、项目性质、所属行政区域、用海类型、用海方式、投资金额、受理机关、项目立项方式、立项机关、指标安排文件文号、安排指标额度、指标安排机关、指标安排时间、海域使用权取得方式、项目状态、是否在区域用海规划内、提交时间、项目具体位置、备注等。

（四）统计图功能

以二维统计图表的方式，对"查询浏览"或"高级查询"中检索对的项目信息进行简单的统计分析。统计方式包括按安排年份、按指标安排机关、按用海类型、按项目位置、按项目立项方式、按使用权拟取得方式、按在区域用海规划内等；统计要素包括安排额度、项目数量、投资额度；展示方式分柱状图、饼状图、线状图三种。

三、指标核减模块

指标核减模块包括"查询浏览"、"高级查询"、"统计图"、"核减指标"、"补充安排"五个功能点。前三项功能与指标安排模块的相关功能类似，此处不再赘述。仅介绍"核减指标"和"补充安排"的相关功能。

（一）核减指标功能

可以通过简单查询或从列表中选取的方式，对选择的项目进行指标核减操作。查询条件包括项目名称、指标安排年度、海域使用权人、所属区域、项目状态等进行精确或模糊查询等。

1. 海域使用权取得方式为"申请审批"

填写指标核减信息，具体包括立项机关、立项批准文号、项目用海批准时间、项目用海批准文号、核减指标额度、批准机关、投资金额等，并上传项目用海批准文件作为附件。

2. 海域使用权取得方式为"招标拍卖和挂牌等市场化出让行为"

选取需要核减的"宗海区块"，填写该区块的核减信息。指标核减信息包括立项机关、立项批准文号、项目用海批准时间、出让合同号、核减指标额度、招拍挂方案批准机关、出让方案名称、受让人（海域使用权人）、投资金额等，并上传项目用海出让合同作为附件。

（二）补充安排功能

指标核减时，系统自动进行安排指标与核减指标的比较，如果核减指标等于安排指标的，系统自动通过；小于安排指标的，系统自动通过的同时节余部分自动转为作废指标（安排指标的计算仍以原安排额度计入）；大于安排指标的，系统进行提示，需补充安排指标后，方可核减。

对该项目进行超出部分的补充安排，填写内容包括补充安排时间、补充安排文件文号、补充指标额度、补充安排机关；附件上传为指标补充安排相关文件。

对于进行过指标补充安排的项目，在"指标安排"、"指标核减"或本模块中进行项目信息查看时，通过链接的方式，同时显示项目的初始安排、核减和补充安排信息。

补充安排指标界面，如图6-10所示。

四、业务提醒模块

（一）预审意见过期提醒功能

主要功能是对"预审意见超过两年尚未核减的项目"，进行查询、延期或作废。可分别选取安排年度、安排机关、项目状态（过期未操作、已延期、作废）、海域使用权拟取得方式等进行查询浏览和处理。选择某一项目后，可进行延期或作废处理。其中，

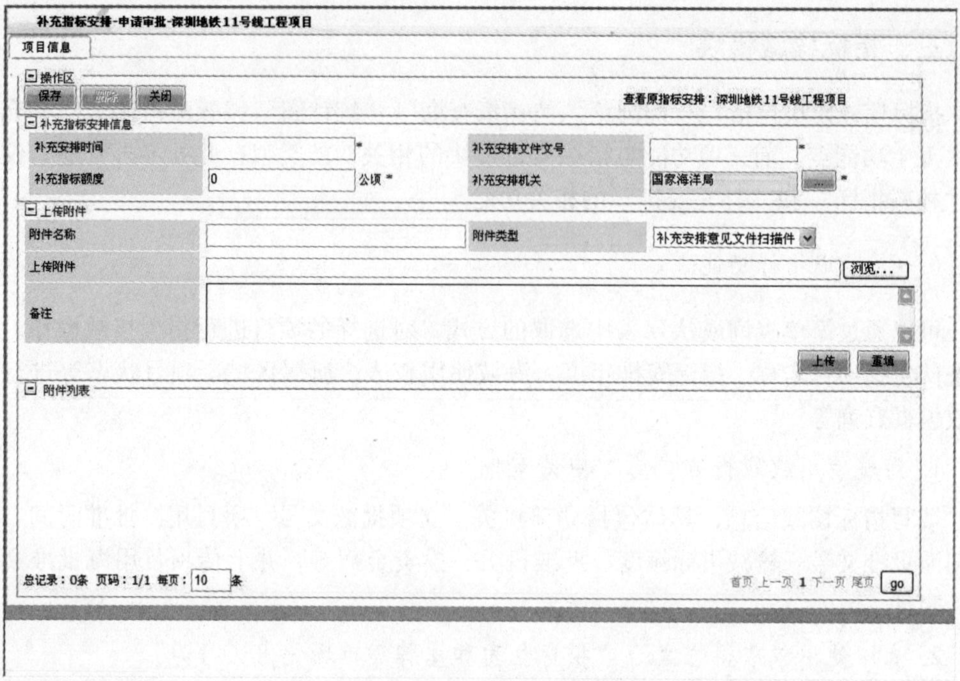

图6-10　补充安排指标界面

延期处理是指对该项目的安排日期进行延期，且需上传有关预审意见延期的相关文件附件。如果存在项目用海通过预审后发改委不同意立项、项目用海通过预审后两年内未落实、项目用海批复文件撤销等有关情况，则可对原安排指标进行作废处理。

（二）经人工检查的问题项目提醒功能

主要功能是对经过人工检查的项目进行提醒，列出按照修改的项目列表及问题说明。可按照安排年度、安排机关、项目状态（所有、已处理、未处理）、海域使用权拟取得方式等条件进行查询。

五、报表统计模块

台账系统提供按年份、季度或自定义时间查询，方便用户对所需的各个时间段的信息进行查询和统计，便于及时向国家发展改革委、国家海洋局上报半年和全年围填海计划执行情况报告。

（一）生成统计报表功能

立足年度和半年度的围填海计划执行情况报送需求，生成与纸质文件一致的"建设用/农业用围填海计划指标安排情况表"和"建设用/农业用围填海计划指标核减情况表"；同时，对主要统计项目设立独立的显示界面，并可以 Excel 格式输出统计表，便于后续的分析与使用。

（二）统计分析功能

分为指标执行情况表、安排项目分类型统计表、核减项目分类型统计表、安排项目清单、核减项目清单、指标作废情况统计，以规范统一的表格形式展示围填海计划指标各类统计信息。

报表统计界面，如图6-11所示。

图6-11　报表统计界面

六、信息审核模块

为确保各级海域行政管理单位核减的用海项目所填写资料属实、填写正确，系统提供信息审核和已提交信息的修改编辑功能，被赋予信息审核权限的用户方可操作该模块。

（一）项目填报信息审核

可在查询列表中对待审核的用海项目直接进行审核操作。完成操作后，系统将自动记录用户的操作信息并同步到相应的省（自治区、直辖市）业务系统中。通过审核的用海项目，其安排或核减指标直接生效，占用当年年度总指标。信息审核界面如图6-12所示。

（二）已提交信息编辑

系统提供信息编辑功能，权限仅对系统管理员开放。系统管理员可对由于误操作等原因，明显填写错误的项目用海信息进行修改。该模块只提供项目用海信息的修改或删除，不做业务提交，系统自动将管理员的操作进行记录并同步到相应的省（自治区、直辖市）业务系统中。

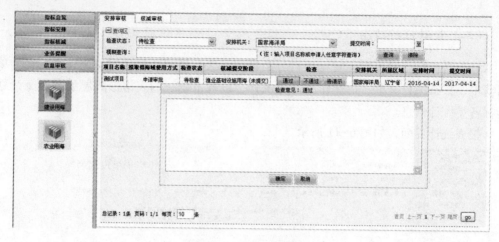

图 6-12 信息审核界面

七、系统对接模块

围填海指标安排与指标核减时录入的项目相关信息，与海域使用权确权登记录入的资料有很大一部分是相同的，为了避免数据在两个模块重复录入，设计时将在本模块对应的项目信息表（HY_ FillSea_ Project）里面添一个 SAT_ ID 与确权登记里面模块的证书表（Sas_ Tit_ SeaAreaCertif）的证书 SAT_ ID 进行关联。系统对接模块功能设计，如图 6-13 所示。

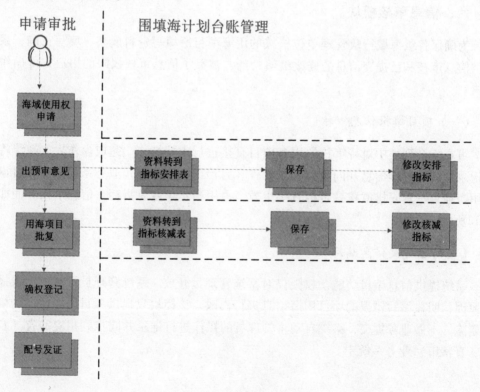

图 6-13 系统对接模块功能设计

八、数据同步模块

在建立国家海域动态监管系统时通过 Web Service 技术，建立了国家、省级系统之间的数据同步通道。用户在进行添加、删除、修改数据时，系统自动根据当前业务模块判断并记录该条数据的操作需要与哪些业务系统进行对接操作，并实时执行同步。数据同步模块功能设计，如图 6-14 所示。

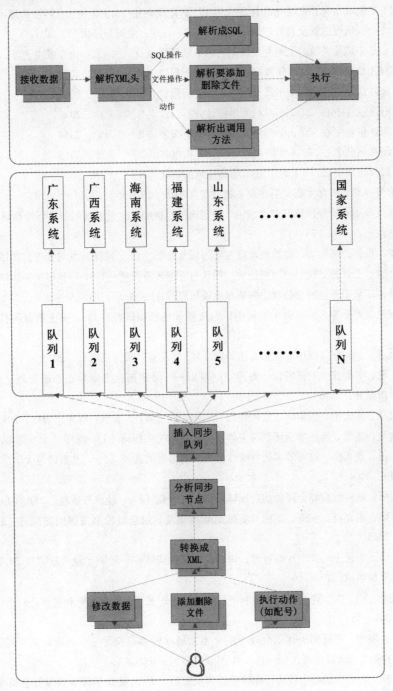

图 6-14　数据同步模块功能设计

123

参考文献

[1] 曲波. 中国城市化和市场化进程中的土地计划管理研究［M］. 北京：经济管理出版社，2011

[2] 胡斯亮. 围填海造地及其管理制度研究［D］. 青岛：中国海洋大学，2011

[3] 徐勉. 基于绩效考核的土地利用计划管理方法研究［D］. 南京：南京农业大学，2011

[4] 国家海洋信息中心. 2010年海域使用统计分析报告［R］. 天津，2011

[5] 国家海洋信息中心. 2011年海域使用统计分析报告［R］. 天津，2012

[6] 国家海洋信息中心. 2012年海域使用统计分析报告［R］. 天津，2013

[7] 国家海洋信息中心. 2013年海域使用统计分析报告［R］. 天津，2014

[8] 国家海洋信息中心. 2014年海域使用统计分析报告［R］. 天津，2015

[9] 国家海洋信息中心. "七论"我国填海造地的贡献［R］. 天津，2014

[10] 国家海洋局. 海洋生态文明建设实施方案（2015—2020年）. 2015

[11] 国家发改委宏观经济研究院课题组. 我国国民经济和社会发展规划的指标体系研究［J］. 经济学动态，2008（7）

[12] 岳奇，徐伟，胡恒等. 世界围填海发展历程及特征［J］. 海洋开发与管理，2015（6）

[13] 李文君，于青松. 我国围填海历史、现状与管理政策概述［J］. 今日国土，2013（1）

[14] 常爱连. 基于环境治理的我国围填海政策研究［D］. 青岛：中国海洋大学，2011

[15] 沈利强，罗平等. 深圳市土地利用计划流量管理模型研究［J］. 国土资源科技管理，2014（5）

[16] 于永海，索安宁. 围填海评估方法研究［M］. 北京：海洋出版社，2013

[17] 何广顺，李双建，刘佳等译. 海洋空间规划——循序渐进走向生态系统管理［M］. 北京：海洋出版社，2010

[18] 于永海，索安宁. 围填海适宜性评估方法与实践［M］. 北京：海洋出版社，2013

[19] 傅金龙，沈锋. 海洋功能区划与主体功能区划的关系探讨［J］. 海洋开发与管理，2008（8）

[20] 唐任伍，唐天伟. 政府效率的特殊性及其测度指标的选择［J］. 北京师范大学学报（社会科学版），2004（2）

[21] 课题组. 政府政绩综合评价的指标体系与方法研究［J］. 经济与管理，2006（1）

[22] 于丽丽，唐克旺，侯杰，羊艳. 实施地下水开发利用总量控制关键问题探讨［J］. 海河水利，2013（2）

[23] 潘文灿. 加强土地利用计划管理，切实保护耕地资源——回顾土地计划管理20年得失［J］. 国土资源情报，2008（6）

[24] 唐志舟，杨子生，许明军. 土地利用规划与计划的关系及存在问题和对策［J］. 现代农业科技，2014（5）

[25] 汪晖，陶然. 建设用地计划管理下的土地发展权转移与交易——土地计划管理体制改革的"浙江模式"及其全国含义［J］. 中国经贸导刊，2009（1）

[26] 韩兆洲. 政府政绩综合评价指标体系及实证分析［J］. 暨南学报（哲学社会科学学），2004

（6）

[27] 唐任伍，唐天伟．政府效率的特殊性及其测度指标的选择［J］．北京师范大学学报（社会科学版），2004（2）

[28] 姜海，曲福田等．土地利用计划管理：理论反思与体系重构［A］．2012 年中国土地科学论坛——社会管理创新与土地资源管理方式转变论文集

[29] 王翠．基于生态系统的海岸带综合管理模式研究——以胶州湾为例［D］．青岛：中国海洋大学，2009

[30] 丘君，赵景柱，邓红兵等．基于生态系统的海洋管理：原则、实践和建议［J］．海洋环境管理，2008（1）

[31] 黄杰，梁雅惠，王玉．我国区域围填海问题的经济学分析［J］．经济师，2016（2）

[32] 刘大海，马云端，李晓璇等．围填海工程综合影响因果反馈模型探索［J］．海岸工程，2015（4）

[33] 朱凌，刘百桥．围海造地的综合效益评价方法研究［J］．海洋信息，2009（2）

[34] 刘百桥，阿东，关道明．2011—2020 年中国海洋功能区划体系设计［J］．海洋环境科学，2014（3）

[35] 魏婷．世界主要海洋国家围填海造地管理及对我国的启示［J］．国土资源情报，2016（2）

[36] 王琪，田莹莹．蓝色海湾整治背景下的我国围填海政策评析及优化［J］．中国海洋大学学报（社会科学版），2016（4）

附　录

围填海计划管理相关政策性文件名录

序号	名称	发布机构	文号	发布时间
1	关于加强围填海规划计划管理的通知	国家发改委、国家海洋局	发改地区〔2009〕2976号	2009.11.24
2	围填海计划管理办法	国家发改委、国家海洋局	发改地区〔2011〕2929号	2011.12.5
3	河北省海洋局关于加强建设用海管理的若干意见	河北省海洋局	冀海发〔2010〕6号	2010.5.12
4	关于加强海南省围填海年度计划指标管理的实施意见	海南省海洋与渔业厅、海南省发展和改革委	琼海渔〔2010〕17号	2010.7.1
5	关于建立围填海年度计划管理制度的通知	广东省海洋与渔业局、广东省发改委	粤海渔〔2010〕133号	2010.10.9
6	天津市关于进一步加强围填海项目海域使用管理有关工作的通知	天津市海洋局、天津市发改委、天津市国土资源和房屋管理局	津海管〔2011〕153号	2011.6.20
7	福建省海洋与渔业厅关于进一步规范项目用海审批工作的通知	福建省海洋与渔业厅	闽海渔〔2012〕205号	2012.6.2
8	浙江省招标拍卖挂牌出让海域使用权管理暂行办法	浙江省海洋与渔业局	浙海渔发〔2013〕6号	2013.2.28

国家发展改革委　国家海洋局
关于加强围填海规划计划管理的通知

发改地区〔2009〕2976号

有关省、自治区、直辖市及计划单列市发展改革委、海洋厅（局）：

随着经济社会的快速发展，我国沿海地区工业化、城镇化进程加快，围填海成为利用海域资源、缓解土地供需矛盾、拓展发展空间的重要途径。但近年来，一些地区也出现了围填海规模增长过快、海岸和近岸海域资源利用粗放、局部海域生态环境破坏严重、防灾减灾能力明显降低等问题；同时，围填海长期缺乏科学规划和总体控制，对国民经济宏观调控的有效实施也造成了一定影响。根据国务院领导同志的有关批示精神，为深入贯彻落实科学发展观，合理开发利用海域资源，整顿和规范围填海秩序，保障沿海地区经济社会的可持续发展，现就加强围填海规划计划管理有关事项通知如下：

一、抓紧修编海洋功能区划，科学确定围填海规模

海洋功能区划是依据《海域使用管理法》和《海洋环境保护法》确立的海洋管理工作的一项重要制度，是引导和调控海域使用、保护和改善海洋环境的重要依据和手段，也是围填海年度计划管理和围填海项目审批的依据。目前，国家海洋局会同国务院有关部门已启动了全国海洋功能区划的修编工作。请沿海省、自治区、直辖市海洋行政主管部门会同本级人民政府有关部门，加快开展省级海洋功能区划的修编工作，并在2010年年底前完成成果报批工作。

省级海洋功能区划的修编，应当符合国民经济和社会发展规划、主体功能区规划的总体要求，并注意做好与区域规划、土地利用总体规划、城市规划等相关规划的衔接工作。在区划修编过程中，要始终坚持"在保护中开发、在开发中保护"的基本原则，注重海域资源的优化配置和节约集约利用。区划要根据涉及海域的资源条件、开发现状和海洋环境承载能力，充分考虑国家和地区经济社会发展的实际需求，科学划定海岸和近海的基本功能。对于涉及围填海的海洋功能区，要明确开发规模、开发布局、开发时序，并提出严格的管制措施。为做到与全国海洋功能区划的有效衔接，省级海洋功能区划的期限统一调整至2020年。

二、建立区域用海规划制度，加强对集中连片围填海的管理

对于连片开发、需要整体围填用于建设或农业开发的海域，省级海洋行政主管部门要指导市、县级人民政府组织编制区域用海规划。编制区域用海规划，应当严格依

据全国和省级海洋功能区划，客观分析涉及海域的自然条件及面临形势，明确说明区域用海整体围填的必要性、可行性，提出区域发展的功能定位、空间布局方案和规划期限内年度围填海计划规模，并对规划实施可能产生的环境影响进行全面分析、预测和评估。区域用海规划分为区域建设用海规划和区域农业围垦用海规划。其中，区域建设用海规划还应当依据国家有关技术规范及国家海洋局关于围填海工程平面设计的要求，合理确定功能分区。

区域用海规划编制完成后，市、县级人民政府要将规划成果上报省级海洋行政主管部门。省级海洋行政主管部门按规定对区域用海规划予以审查，特别要对规划期内年度围填海规模能否落实提出明确意见。对符合要求并具备年度计划指标安排条件的区域用海规划，经省级人民政府审核同意后，由省级海洋行政主管部门报国家海洋局审批。区域用海规划在批准前，市、县级人民政府应当委托海域使用论证资质单位开展区域海域使用论证，对区域用海选址、方式、面积、期限的合理性及其对环境的影响进行科学评价。经批准的区域用海规划，由市、县级人民政府统一组织实施，规划区内单个用海项目仍应按照规定的程序和审批权限办理用海手续。

三、实施围填海年度计划管理，严格规范计划指标的使用

实施围填海年度计划管理，是切实增强围填海对国民经济保障能力、提高海域使用效率、确保落实海洋功能区划、拓展宏观调控手段的具体措施。沿海省、自治区、直辖市和计划单列市海洋行政主管部门，要按照国家发展改革委关于编制国民经济和社会发展年度计划的有关要求，组织填报下一年度本区域的围填海计划，经会签同级发展改革部门后，报国家海洋局，并抄送国家发展改革委。国家海洋局在各地区上报的围填海计划的基础上，提出每年的全国围填海年度总量建议和分省方案，报国家发展改革委。国家发展改革委将根据国家宏观调控的总体要求，经综合平衡后，形成全国围填海计划，按程序纳入国民经济和社会发展年度计划。

围填海年度计划指标包括地方年度围填海计划和中央年度围填海计划指标两部分。地方年度围填海计划指标是指省及省以下审批（核准、备案）项目的年度最大围填海规模，该指标只下达到沿海省、自治区、直辖市（计划单列市指标单列），在围填海项目用海经国务院或省级人民政府批准后，由省级海洋行政主管部门负责核销。中央年度围填海计划指标是指国务院及国务院有关部门审批、核准项目的年度最大围填海规模，该指标不下达到地方，由国家海洋局在项目用海审批后直接核销。围填海年度计划中的建设用围填海计划指标和农业用围填海计划指标不得混用。建设用围填海计划指标主要用于国家和地方重点建设项目及国家产业政策鼓励类项目。区域用海规划范围内的围填海项目，应当根据围填海项目用海批准情况在规划期限内逐年核减围填海计划指标。

四、依托规划计划制度，切实加强围填海项目审查

建设项目需要使用海域的，项目建设单位在申报项目可行性研究报告或项目申请

报告前，应依法向国家或省级海洋行政主管部门提出海域使用申请。其中，由国务院或国务院有关部门审批或核准的建设项目，应向国家海洋局提出海域使用申请；省及省以下审批、核准或备案的建设项目，应向省级海洋行政主管部门提出海域使用申请。海洋行政主管部门依据海洋功能区划、海域使用论证报告及专家评审意见进行预审，并出具用海预审意见。用海预审意见是审批建设项目可行性研究报告或核准项目申请报告的必要文件。凡未通过用海预审的项目，不安排建设用围填海年度计划指标，各级投资主管部门不予审批、核准（备案）。

通过审批取得海域使用权的用海项目，要严格按照国家规定的标准缴纳海域使用金。国家和省级海洋行政主管部门在核减围填海计划指标和办理海域使用权证书前，应当要求项目建设单位与原海域使用权人和相关利益者签订补偿协议，落实补偿费用。

五、切实加强围填海规划计划执行情况的监督检查，确保海域资源的可持续利用

国家发展改革委会同国家海洋局将进一步强化对围填海计划执行情况的监督检查。沿海各省、自治区、直辖市海洋行政主管部门应当实行围填海年度计划台账管理，在建设用围填海审批过程中确认并根据批准情况及时核销计划，对计划执行情况进行登记和统计，按季度上报计划执行情况和围填海实际情况，并于每年9月份对计划执行情况进行中期检查，形成报告报国家海洋局，抄送国家发展改革委。国家发展改革委、国家海洋局将根据围填海实际情况对地方年度围填海计划指标的执行情况进行评估和考核，并作为下一年度计划编制和管理的依据。对地方围填海实际面积超过当年下达计划指标的，相应扣减该省（区、市）下一年度的计划指标。对于超计划指标擅自批准围填海的，国家海洋局将暂停该省（区、市）的区域用海规划和建设项目用海的受理和审查工作。

各级海洋行政主管部门及其所属的海监队伍要加强对围填海项目的监督检查。要利用国家海域使用动态监视监测系统，重点对围填海项目选址是否符合海洋功能区划、围填海面积是否符合批准的计划指标等进行监管。对于未经批准或擅自改变用途和范围等违法违规围填海行为要严肃查处，依法强制收回非法占用的海域，对生态环境造成严重破坏的责令恢复原状，不得以罚款取代。对拒不执行处罚决定的，要申请人民法院强制执行。

沿海省、自治区、直辖市各级发展改革部门、海洋行政主管部门要按照深入学习实践科学发展观的总体要求，进一步统一思想，加强领导，明确责任，切实做好围填海规划计划的编制与实施工作，强化海洋生态环境保护，促进海洋空间资源合理利用，推动沿海地区经济社会的可持续发展。

国家发展改革委　国家海洋局
二〇〇九年十一月二十四日

国家发展改革委　国家海洋局关于印发
《围填海计划管理办法》的通知

发改地区〔2011〕2929号

有关省、自治区、直辖市及计划单列市发展改革委、海洋厅（局）：

为深入贯彻落实科学发展观，合理开发利用海域资源，整顿和规范围填海秩序，强化围填海计划管理，切实保护海洋生态环境，保障经济社会可持续发展，按照国务院领导同志批示精神，我们根据《中华人民共和国海域使用管理法》和《国家发展改革委国家海洋局关于加强围填海规划计划管理的通知》（发改地区〔2009〕2976号）等相关法律和政策性文件，制定了《围填海计划管理办法》，现印发你们，请认真贯彻实施。

附：《围填海计划管理办法》

国家发展改革委　国家海洋局
二〇一一年十二月五日

围填海计划管理办法

第一章　总　则

第一条　为提高围填海计划管理的科学性、规范性，根据《中华人民共和国海域使用管理法》和《国家发展改革委　国家海洋局关于加强围填海规划计划管理的通知》等相关法律和政策性文件，制定本办法。

第二条　本办法适用于围填海计划的编报、下达、执行、监督考核等工作。

第三条　围填海计划是国民经济和社会发展计划体系的重要组成部分，是政府履行宏观调控、经济调节、公共服务职责的重要依据。

第四条　围填海计划实行统一编制、分级管理，国家发展改革委和国家海洋局负责全国围填海计划的编制和管理。沿海各省（自治区、直辖市）发展改革部门和海洋行政主管部门负责本级行政区域围填海计划指标建议的编报和围填海计划管理。

第五条　围填海活动必须纳入围填海计划管理，围填海计划指标实行指令性管理，不得擅自突破。

第二章　围填海计划的编报

第六条　全国围填海计划指标包括中央年度围填海计划指标和地方年度围填海计划指标两部分，上述两类指标均包括建设用围填海计划指标和农业用围填海计划指标。

第七条　沿海各省（自治区、直辖市）海洋行政主管部门会同发展改革部门根据海洋功能区划、海域资源特点、生态环境现状和经济社会发展需求等实际情况，组织填报本级行政区域的围填海（建设用围填海和农业用围填海）计划指标建议，并按要求同时报送国家海洋局和国家发展改革委。省级围填海计划指标建议中，计划单列市相关指标予以单列。

第八条　省级围填海计划指标建议要充分体现节约集约用海的基本原则。如计划指标建议规模确需增加，额度不得超过本地区前三年围填海项目审批确权年度平均规模的 15%。

第九条　国家海洋局在各地区上报围填海计划指标建议的基础上，根据海洋功能区划、沿海地区围填海需求和上年度围填海计划执行等实际情况，经征求有关部门意见后，提出全国围填海计划指标和分省方案建议，报送国家发展改革委。

第十条　国家发展改革委根据国家宏观调控和经济社会发展的总体要求，在国家海洋局提出的全国围填海计划指标和分省方案建议的基础上，按照适度从紧、集约利用、保护生态、海陆统筹的原则，经综合平衡后形成全国围填海计划草案，并按程序纳入国民经济和社会发展年度计划体系。

第三章　围填海计划的下达与执行

第十一条　国民经济和社会发展年度计划草案经全国人民代表大会审议通过后，国家发展改革委向国家海洋局和沿海各省（自治区、直辖市）发展改革部门正式下达全国围填海计划。国家海洋局依据全国围填海计划，向沿海各省（自治区、直辖市）海洋行政主管部门下达地方年度围填海计划指标（计划单列市指标单列），省级海洋行政主管部门不再向下分解下达计划指标。

第十二条　实行审批制和核准制的涉海工程建设项目，在向发展改革等项目审批、核准部门报送可行性研究报告、项目申请报告时，应当附同级人民政府海洋行政主管部门对其海域使用申请的预审意见，预审意见应明确安排计划指标的相应额度；省以下（含计划单列市）海洋行政主管部门出具用海预审意见前，应当取得省级海洋行政主管部门安排围填海计划指标及相应额度的意见。

实行备案制的涉海工程建设项目，必须首先向发展改革等项目备案管理部门办理备案手续，备案后，向海洋行政主管部门提出用海申请，取得省级海洋行政主管部门围填海计划指标安排意见后，办理用海审批手续。

累计安排指标额度不得超过年度计划指标总规模。

第十三条　国务院及国务院有关部门审批、核准的涉海工程建设项目，项目用海经国务院批准后，由国家海洋局负责在中央年度围填海计划指标中予以相应核减。省及省以下（含计划单列市）有关部门审批、核准、备案的涉海工程建设项目，项目用海经国务院或省级人民政府批准后，由省级海洋行政主管部门负责在地方年度围填海计划指标中予以相应核减。建设用围填海计划指标和农业用围填海计划指标要分别核减，不得混用。核减指标为预审安排年度的计划指标，核减指标数以实际批准的围填海面积为准。

第十四条　地方围填海计划指标确需追加的，由省级海洋行政主管部门会同发展改革部门联合向国家发展改革委和国家海洋局提出书面追加指标申请，经审核确有必要的，从中央年度围填海计划指标中适当调剂安排。追加指标由国家发展改革委会同国家海洋局联合下达。

第十五条　计划年度内未安排使用的围填海计划指标作废，不得跨年度转用。

第四章　监督考核

第十六条　沿海各省（自治区、直辖市）发展改革部门与海洋行政主管部门要密切配合，共同做好计划执行、管理等工作，要在每年1月底前将上一年度围填海计划执行情况，报国家发展改革委和国家海洋局。

第十七条　国家海洋局和沿海各省（自治区、直辖市）海洋行政主管部门应当建立围填海计划台账管理制度，对围填海计划指标使用情况进行及时登记和统计。

第十八条　国家发展改革委和国家海洋局对地方围填海计划执行情况实施全过程监督，适时进行检查和综合评估考核，并以此作为下一年度各地区计划指标确定的重要依据。

第十九条　超计划指标进行围填海活动的，一经查实，按照"超一扣五"的比例在该地区下一年度核定计划指标中予以相应扣减。

第五章 附 则

第二十条 中央年度围填海计划指标，是指国务院及国务院有关部门审批、核准涉海工程建设项目的年度围填海控制规模，其中包含用于补充地方的调剂指标。地方年度围填海计划指标，是指省及省以下（含计划单列市）审批、核准、备案的涉海工程建设项目的年度围填海控制规模。

第二十一条 建设用围填海包括建设填海造地和废弃物处置填海造地。农业用围填海仅指用于发展农林牧业的围填海造地，不包括围海养殖用海。

第二十二条 本办法由国家发展改革委和国家海洋局负责解释。

第二十三条 本办法自发布之日起施行。

河北省海洋局关于加强建设用海
管理的若干意见

冀海发〔2010〕6号

唐山、秦皇岛、沧州市海洋局，各沿海县（市）海洋局：

为深入贯彻落实科学发展观，加快转变海洋经济发展方式，进一步规范建设用海管理，确保海域开发有序进行，提出如下意见：

一、建立和实行严格的建设用海标准，强化节约集约用海

1. 实行建设项目填海造地的控制指标。建设项目需填海造地的，申请用海前必须签订用海承诺书，明确投资强度、容积率、建筑系数、行政办公及生活服务设施用海所占比重、绿地率等必须的控制性指标要求和项目建设期限及相关违约责任。工业建设项目需填海造地的：在各类开发区（园区），新上工业建设项目用海的投资强度，国家级开发区不得低于3 750万元/公顷，省级开发区（园区）不得低于3 000万元/公顷；国家、省级开发区（园区）以外的海域，投资强度原则按照以下标准执行，三等海域不低于1 125万元/公顷，四等海域不低于780万元/公顷，五等海域不低于660万元/公顷，六等海域不低于590万元/公顷；容积率不低于0.7；建筑系数不低于30%；所需行政办公及生活服务业设施用海面积不得超过工业建设项目总用海面积的7%，工业建设项目填海造地范围内严禁建设住宅、招待所等非生产性配套设施。公用基础设施等其他建设项目需填海造地的：要严格按照规划先行、合理布局、节约集约的原则，严禁建设脱离实际需要的宽马路、大公园、大广场和绿化带等；严禁以公用基础设施的名义圈占海域或改作工业、商住等其他用途。不符合以上要求的，不允许进行填海造地或对项目填海造地面积予以核减。

2. 引导产业向工业区（开发区、园区）集聚。鼓励和引导新上工业类建设项目向曹妃甸循环经济示范区、沧州渤海新区、秦皇岛经济技术开发区等几个较成熟的临海工业区集聚。对几大园区外的分散新上工业项目，原则上不再允许占用自然岸线。工业区（开发区、园区）内多个建设项目使用海域的，应根据海洋功能区划编制区域建设用海总体规划。对区域建设用海总体规划范围内的单体建设项目，简化审批程序，加快项目建设进度，促进产业集聚。

3. 加强建设项目用海的预审。建设项目用海实行预审制度，围填海建设项目实行国家、省两级预审，国务院或国务院有关部门审批或核准的建设项目，由国家海洋行政主管部门进行预审；省及省以下审批、核准或备案的建设项目，由省海洋行政主管

部门预审。需政府或发展改革部门审批的建设项目，在申报可行性研究报告前，由建设用海单位提出预审申请；需核准、备案的建设项目，在核准、备案申请报告前，由建设用海单位提出预审申请。项目建设单位应将海域使用申请材料提交预审机关的下一级海洋行政主管部门进行初审。初审机关要进行严格审查，认真执行国家《产业结构调整指导目录》，严禁高耗能、高排放、淘汰类建设项目的填海造地用海，重点支持科技含量高、低耗能、低排放、鼓励类建设项目的填海造地用海；对是否符合海洋功能区划、界址是否清楚、有无权属争议等审查内容，提出明确意见。区域用海规划范围内的单体建设项目，不再进行单体论证；区域用海规划范围外的单体建设项目，按程序进行海域使用论证。对未经海洋行政主管部门预审或未通过预审的用海项目，不予办理用海手续。

二、建立和实施严格的用海"退出机制"，依法规范用海秩序

各级海洋行政主管部门要切实依据《河北省海域使用管理条例》的有关规定，对已批准确权的建设用填海造地项目，资金长期不到位，长期闲置海域的，实施严格的退出机制。建设项目填海造地用海承诺书中，要明确海域使用申请人进行填海造地和项目建设的资金使用情况、工程进度安排和建设期限。

海域使用权人自取得海域使用权之日起一年以上未开发使用海域的，由海洋行政主管部门责令限期使用，使用权人应当向海洋行政主管部门以书面形式说明理由，并保证限期使用；对连续二年以上未开发使用海域且无正当理由的，由颁发海域使用权证书的人民政府注销海域使用权证书，无偿收回海域使用权。海域使用权人超过承诺的项目建设期限，虽已开工建设，但开发建设面积占应动工开发建设总面积不足三分之一或者已投资额度未达到承诺的总投资额度25%的，动产由企业搬走，不动产经评估后，由政府收购。

三、建立和实行严格的围填海计划指标管理制度，充分发挥宏观调控作用

1. 科学编制用海计划指标。各市要严格依据海洋功能区划，结合国民经济和社会发展计划，在调查摸底、供给统计的基础上，认真谋划年度围填海建设项目，优先保证国家、省重点建设项目和基础设施项目用海，科学编制本地区年度围填海计划。省海洋局会同省发改委，根据各市年度围填海计划，向国家海洋局申报我省年度围填海计划指标。

2. 加强围填海计划指标管理。省海洋局根据国家海洋局下达的年度围填海计划指标，优先保证列入年度围填海计划的建设项目用海；对没有年度围填海计划指标的建设项目，一律不予受理海域使用确权审批材料。

四、积极为重大建设项目和重点区域做好服务

国家、省重点建设项目实行先行用海。在我省各级政府审批权限内，属于国家和

省重大建设项目，已通过海洋行政主管部门预审，并已经建设投资部门批准、核准、备案的，在正式申报用海审批前，可以在已确定海域先行实施工程建设，同时办理项目用海确权手续。

区域建设用海规划范围内的海域，本着规划先行、布局合理、节约集约、整体推进的原则，可以先行实施围填海活动。能落实具体项目的，每个单体建设项目经项目所在地县级人民政府或管委会同意后，按程序逐级申报用海手续，经省政府批准后，公用基础设施项目由省海洋局直接进行登记，不再颁发海域使用权证书，其他项目由省海洋局颁发海域使用权证书、进行登记。项目整体建设完成后，由省海洋局组织进行填海项目竣工验收。不能落实具体项目的区域，仍按海域实施管理。

二〇一〇年五月十二日

海南省海洋与渔业厅　海南省发展和改革委员会关于加强我省围填海年度计划指标管理的实施意见

琼海渔〔2010〕17 号

沿海各市县发展和改革局（委员会）、海洋与渔业局：

根据国家发展和改革委员会、国家海洋局《关于加强围填海规划计划管理的通知》（发改地区〔2009〕2976 号）和省政府对《海南省发展和改革委员会、海南省海洋与渔业厅关于实施填海项目年度计划指标控制管理的请示》（琼海渔〔2010〕17 号）的批复精神，为深入贯彻落实科学发展观，本着"科学、依法、规范、有序、集约"的原则，合理利用海域资源，整顿和规范围填海秩序，决定自 2010 年起在全省范围内实施围填海年度计划指标管理制度，加强围填海年度计划指标的管理，严格控制围填海规模。现将有关实施意见通知如下：

一、按照《海南省实施〈中华人民共和国海域使用管理法〉办法》第十一条的规定：27 公顷以下的围填海项目仍由沿海市、县海洋行政主管部门受理、审核，报沿海市县政府批准。

二、省海洋行政主管部门在每年年底组织申报下一年度我省围填海年度计划指标，经省发展和改革委员会审核会签后，上报国家海洋局，同时抄报国家发展和改革委员会。

三、围填海年度计划指标包括中央围填海年度计划指标和省级围填海年度计划指标两部分。省级围填海年度计划指标是指省及省以下各级政府审批、核准（备案）项目的年度最大围填海规模。

四、省级围填海年度计划指标由省海洋行政主管部门统一安排使用。围填海项目经国务院或各级人民政府批准后，由省海洋行政主管部门负责核销用海指标。

五、建设项目需要围填海的，项目建设单位应首先取得围填海年度计划指标。凡未取得围填海计划指标的项目，投资主管部门不予审批、核准（备案）。

六、围填海项目用海指标的申请由项目所在市县海洋行政主管部门报请同级人民政府同意后，向省海洋行政主管部门提出申请。获得围填海年度计划指标的用海项目，方可开展项目海域使用论证、海洋环境评价工作。

七、围填海年度计划指标应优先保障以下用海项目：

（一）国家重点建设项目；

（二）省重点建设项目；

（三）国家和省产业政策鼓励类项目。

八、凡未取得年度计划指标的围填海项目，省海洋行政主管部门不予备案。

九、围填海年度计划指标当年有效，不得跨年度结转使用。凡已取得围填海年度计划指标的用海项目，预计本年度无法使用的，市县海洋行政主管部门应于10月底前向省海洋行政主管部门上缴已获准的围填海年度计划指标，由省海洋行政主管部门统筹安排；不按期上缴省海洋行政主管部门未利用围填海年度计划指标的，省海洋行政主管部门将不安排该项目下年度围填海年度计划指标。

十、省海洋行政主管部门将实行围填海年度计划台账管理，在围填海审批过程中根据批准情况及时核销指标，并对计划执行情况进行登记和统计。

各市县发展和改革局（委员会）、海洋与渔业局要按照深入学习贯彻科学发展观的总体要求，进一步统一思想，明确责任，切实做好围填海年度计划指标管理的实施工作。强化海洋生态环境保护，促进海洋空间资源合理利用，推动我省海洋经济的可持续发展。

二〇一〇年七月一日

广东省海洋与渔业局 广东省发展和改革委员会关于建立围填海年度计划管理制度的通知

粤海渔〔2010〕133 号

沿海各地级以上市发展改革局（委）、海洋与渔业主管部门：

为深入贯彻落实科学发展观，合理开发利用海域资源，整顿和规范围填海秩序，保障沿海地区经济社会的可持续发展，国家发展改革委、国家海洋局下发了《关于加强围填海规划计划管理的通知》（发改地区〔2009〕2976 号），就加强围填海规划计划管理有关事项做出规定，从 2010 年开始，国家发展改革委正式下达年度围填海计划指标。为切实增强围填海对我省国民经济保障能力，提高海域使用效益，根据国家主管部门要求并结合我省的实际情况，就建立围填海年度计划管理制度有关事项通知如下：

一、充分认识围填海年度计划指标的重要性

围填海是沿海地区利用海洋空间资源解决建设用地不足的有效途径之一，实施围填海计划管理制度是对海域资源进行合理配置、拓展宏观调控手段的具体措施。围填海年度计划指标分建设用围填海计划指标和农业用围填海计划指标。建设用围填海计划指标与新增建设用地指标均属于指令性计划指标，是海上建设用地指标，是陆地新增建设用地指标的重要补充。用足围填海年度计划管理制度有关政策对缓解沿海地区建设用地不足的矛盾，促进我省沿海地区经济持续发展，确保项目建设尤为重要。

二、围填海年度计划指标安排的基本原则

围填海年度计划指标包括地方年度围填海计划和中央年度围填海计划指标两部分。地方年度围填海计划指标是指省及省以下审批（核准、备案）项目的年度最大围填海规模，国家仅将该指标下达到省（计划单列市指标单列），并要求不再下达到沿海各市，在围填海项目用海经国务院或省级人民政府批准后，由省级海洋行政主管部门负责核销。中央年度围填海计划指标是指国务院及国务院有关部门审批、核准项目的年度最大围填海规模，由国家海洋局在项目用海审批后直接核销。我省建设用围填海计划指标主要用于保障国家和省重点建设项目、国家产业政策鼓励类项目、对拉动地方经济发展有显著效果的项目和城市公共设施建设用海等。

三、围填海年度计划编制要求

沿海各地级以上市海洋行政主管部门要按照国家发展改革委和国家海洋局关于编

制国民经济和社会发展年度计划的有关要求，按以优先保障国家、省重点基础设施和产业政策鼓励发展项目组织填报下一年度本区域的围填海计划，经会签本市发展改革部门后，于10月15日前上报省海洋与渔业局。省海洋与渔业局审查、综合平衡后，会签省发展改革委，在10月底前由省海洋与渔业局上报国家海洋局，并抄送国家发展改革委，按程序纳入国民经济和社会发展年度计划。

四、加强围填海年度计划执行情况的监督检查

建设用围填海年度计划是国家国民经济和社会发展年度计划指标，省发展改革委会同省海洋与渔业局将加强对围填海计划执行情况的监督检查，沿海各地级以上市发展改革部门和海洋行政主管部门应相互配合，共同做好围填海年度计划的执行工作。省海洋与渔业局将实行围填海年度计划台账管理，在建设用围填海审批过程中确认并根据批准情况及时核销计划指标，对计划执行情况进行登记和统计。每年9月中旬前，省发展改革委、省海洋与渔业局组织对沿海各市项目用海（围填海）情况进行中期检查，一是检查经省政府批准的建设用围填海项目执行情况；二是了解各市国民经济和社会发展对项目用海的需求情况。按沿海各市建设项目围填海需求情况和围填海实际完成情况进行评估和考核，作为下一年度计划编制和管理的依据，形成报告上报国家海洋局，抄送国家发展改革委。

五、切实加强围填海项目用海预审制度管理

建设项目需要使用海域的，项目建设单位在申报项目可行性研究报告或项目申请报告前，应按照国家发展改革委、国家海洋局《关于加强围填海规划计划管理的通知》（发改地区〔2009〕2976号）和省海洋与渔业局、省发展改革委《印发广东省实施"国家海洋事业发展规划纲要"方案的通知》（粤海渔〔2009〕15号）文件的要求，向省级海洋行政主管部门提出海域使用申请。省及省以下审批、核准或备案的建设项目涉及围填海的，应向省级海洋行政主管部门提出海域使用申请。海洋行政主管部门依据海洋功能区划、海域使用论证报告及专家评审意见进行预审，并出具用海预审意见。用海预审意见是审批建设项目可行性研究报告或核准项目申请报告的必要文件。凡未通过用海预审的项目，不安排建设用围填海年度计划指标，各级投资主管部门不予审批、核准（备案）。

六、进一步规范和完善海域使用管理

各级海洋行政主管部门及其所属的海监队伍要加强对围填海项目的监督检查，对未经批准或者擅自改变用途和范围进行围填海的违法违规行为要严肃查处，依法强制收回非法占用的海域，对造成生态环境严重破坏的责令其恢复原状，不得以罚款取代；对确实无法恢复原状的，海洋行政主管部门应将非法占用的海域（非法围填海区域）收回并予以挂牌或拍卖。原则上不安排建设用围填海计划指标用于补办违法违规围填海的海域使用权手续。要充分发挥省、市、县海域使用动态监视监测队伍的作用，重

点对围填海活动全过程进行监督，尤其要加强对是否按照国务院或省政府批准的位置和面积围填海进行监管。

　　沿海各市发展改革部门、海洋行政主管部门要按照围填海年度计划管理制度有关要求，为缓解我省建设用地紧缺的困难，切实做好围填海年度计划的编制与实施工作，与此同时，要强化海洋生态环境保护，促进海洋空间资源合理利用，推动沿海地区经济社会的可持续发展。

广东省海洋与渔业局

广东省发展和改革委员会

二〇一〇年十月九日

天津市关于进一步加强围填海项目
海域使用管理有关工作的通知

津海管〔2011〕153 号

各有关单位：

为贯彻落实国土资源部、国家海洋局《关于加强围填海造地管理有关问题的通知》（国土资发〔2010〕219 号）和国家发展改革委员会、国家海洋局《关于加强围填海规划计划管理的通知》（发改地区〔2009〕2976 号）文件，进一步加强和规范我市围填海海域使用项目管理工作，现就有关要求通知如下：

一、各有关单位应抓住我市海洋功能区划修编的契机，科学确定围填海规模，发挥规划、海洋功能区划对围填海的引导和管制作用，使列入海洋功能区划的围填海规模、范围、用途、布局、时序与市土地利用总体规划、城市总体规划及相关涉海规划实现有效衔接。同时，按照实际项目需求抓紧编制区域建设用海规划，切实加强连片围填海的管理。

二、按照围填海年度计划管理的有关要求，每半年结合项目用海需求时序，测算和编制围填海的计划，并进行动态调整，配合有关部门实行围填海总量控制，用海单位依据海洋部门出具的用海预审意见，到发改部门办理建设项目可行性研究报告审批或项目申请报告核准，以确保滨海新区大项目、好项目和基础设施用海需求，从源头严格控制非项目用海、盲目围填和圈占海域行为。

三、严格围填海海域使用项目报批。用海单位要按照法规和国家的有关要求，以项目主体申请用海，申请用海的规模要参照试行的《天津市建设项目用海规模控制指导标准》，最大限度地集约节约利用海域资源。

四、努力做好围填海项目用海与用地程序的衔接。填海成陆通过验收后，按照国土资发〔2010〕219 号文件精神尽快办理土地手续。同时，根据项目实际需要，鼓励开展用海项目直接进入规划和建设有关程序的尝试。

五、强化依法依规利用海域和土地的意识，各用海单位要主动配合市有关部门实施监督检查，坚决杜绝区域用海规划内实施整体围填成陆后，未经办理用海手续即办理用地手续，以及未经批准擅自改变用途和范围的非法围填海行为。

各单位要认真学习贯彻落实国家有关文件精神，结合实际配合做好加强围填海管理的有关工作，共同营造和维护良好的海洋开发和管理秩序，为加快滨海新区开发开放做出贡献。特此通知。

市海洋局　市发改委　市国土房管局

二〇一一年六月二十日

福建省海洋与渔业厅关于进一步规范项目用海审批工作的通知

闽海渔〔2012〕205 号

沿海市、县（区）海洋行政主管部门，平潭综合实验区经济发展局：

为进一步加强围填海计划管理，更好地衔接投资主管部门审批、核准建设项目，根据海域使用管理相关法律法规，我厅决定对项目用海审批程序作如下调整：

一、项目用海预申请阶段不再出具预审意见。项目用海业主提交的预申请材料经县级海洋行政主管部门出具意见后，逐级报有审查权的海洋部门初审，初审合格的项目用海，出具《同意项目开展用海前期工作的函》（以下简称《同意函》）。项目用海业主依据《同意函》委托资质单位开展海域使用论证、海洋环境影响评价等工作。资质单位依据《同意函》要求及业主委托，开展项目用海海域使用论证、海洋环境影响评价工作。

二、加强项目用海社会稳定风险防控工作。根据省委省政府《关于建立重大建设项目社会稳定风险评估机制的意见（试行）的通知》要求，重大建设项目（主要指列入省、市、县（区）重点建设的交通、能源、市政、房地产、农业、水利、工业、服务业、社会事业、资源环境等项目）建设单位在开展项目用海前期工作阶段应向海洋部门提交《社会稳定风险评估报告》，对重大建设项目的合法性、合理性、可行性、安全性进行风险评估。有审核权的海洋部门应对《社会稳定风险评估报告》中涉及的用海风险及社会影响等方面内容进行审查，作为审核项目用海的依据之一。

三、项目用海经海域使用论证评审后，由审查机关出具用海预审意见，不再出具海域使用论证报告书的审查意见。用海预审意见抄送投资主管部门。

用海预审意见主要内容应包括：项目用海基本情况、与海洋功能区划符合情况、海域使用权属情况、与利益相关者的协调情况、围填海指标使用情况、社会稳定风险评估相关内容审核情况等。

四、涉及围填海的项目用海，围填海计划指标统一由我厅依据用海预审意见确定的用海面积进行登记并核减。对已下放审查权的项目用海，审查机关应及时将预审意见抄报我厅。

以上程序调整自 2012 年 6 月 15 日起执行。

福建省海洋与渔业厅
二〇一二年六月二日

浙江省招标拍卖挂牌出让海域
使用权管理暂行办法

浙海渔发〔2013〕6号

第一条 为规范海域使用权出让行为，完善公开、公平、公正的海域使用制度体系，根据《中华人民共和国物权法》、《中华人民共和国海域使用管理法》、《中华人民共和国招标投标法》、《中华人民共和国拍卖法》和《浙江省海域使用管理条例》等有关法律法规规定，结合本省实际，制定本办法。

第二条 在本省管辖海域内且属本省审批权限范围内以招标、拍卖或者挂牌方式出让海域使用权的，应当遵守本办法。

本办法所指出让人为县（市、区）海洋主管部门，也可以根据设区的市人民政府规定由设区的市海洋主管部门作为出让人。项目用海跨辖区的，出让人为共同的上级海洋主管部门。

本办法所称招标是指出让人通过发布投标邀请书或者招标公告，邀请特定的或者不特定的自然人、法人或者其他组织参加海域使用权投标，根据投标结果确定海域使用权人的行为。

本办法所称拍卖是指出让人发布拍卖公告，由竞买人在指定时间、地点进行公开竞价，根据出价结果确定海域使用权人的行为。

本办法所称挂牌是指出让人发布挂牌公告，按公告规定的期限将拟出让宗海的交易条件在指定的海域使用权交易场所挂牌公布，接受竞买人的报价申请并更新挂牌价格，根据挂牌期限截止时的出价结果或者现场竞价结果确定海域使用权人的行为。

第三条 海域使用权招标、拍卖或者挂牌应当遵循公开、公平、公正和诚信原则。

第四条 工业、商业、旅游、娱乐和其他经营性项目用海以及同一海域有两个以上相同海域使用方式的意向用海者的，应当通过招标、拍卖、挂牌方式取得海域使用权。

第五条 招标拍卖挂牌方式出让填海海域使用权应当纳入年度围填海计划指标管理，编制海域使用权的招标拍卖挂牌出让方案（以下称出让方案）前应当取得海洋主管部门用海预审意见。

第六条 出让方案由出让人制定，按项目用海审批权限实行分级管理。项目用海跨辖区的，出让方案由共同的上级海洋主管部门（出让人）会同海域所在的县（市、区）海洋主管部门共同制定。

出让人应当在征求有关部门意见的基础上，委托资质单位对拟出让的海域进行海域使用论证、海域价格评估、海籍测量等，并根据论证结论、评估结果制定出让方案，报同级人民政府组织审定后，经有批准权的人民政府的海洋主管部门审核，报有批准权的人民政府批准。

前款规定的出让方案应当包括出让海域的界址、面积、用海类型、用海方式、年限、出让方式、海域使用条件、产业类型、产业要求、出让价格、组织实施出让的程序及相关要求等。

以招标、拍卖、挂牌方式出让海域使用权的项目用海，按照国家有关投资管理规定需要履行审批、核准手续的，海洋主管部门应当会同投资主管部门将有关投资管理要求纳入海域使用权出让方案。

填海项目的海域使用权招标、拍卖、挂牌出让方案应当明确填海面积、填海形成土地的界址和标高、土地用途、规划条件、使用期限、海洋环境保护要求、海洋防灾减灾措施等内容，由海洋主管部门会同国土资源、城乡规划主管部门制定，经批准后共同实施。

第七条 出让方案报有审批权的人民政府审批时，应当附以下材料：

（一）《海域使用权公开出让呈报表》；

（二）出让海域的宗海位置图和界址图；

（三）海域使用权出让价格评估报告；

（四）海域使用论证材料；

（五）相关部门支持性文件；

（六）政策处理的文件及补偿落实材料；

（七）现场勘察情况材料；

（八）公示、异议复核和听证结果材料；

（九）其他有关材料。

出让填海海域使用权除上述材料外，还应提交预审意见。

出让方案报批前有关审查、现场勘察、公示、听证、复核要求按《浙江省海域使用权申请审批管理办法》执行。

第八条 有审批权人民政府同级海洋主管部门审核出让方案时，主要对以下内容进行审核，必要时征求同级有关部门的意见：

（一）相关材料是否齐全，程序是否符合要求；

（二）用海类型、使用期限的确定是否符合相关规定和产业政策；

（三）出让价格是否符合相关规定。

审核后报有批准权的人民政府审批。

第九条 出让方案经有审批权的人民政府批准后，出让人应当根据招标拍卖挂牌出让海域的情况，编制招标拍卖挂牌出让文件。招标拍卖挂牌出让文件应当包括出让公告、投标或者竞买须知、海域使用条件、宗海图、标书或者竞买申请书、报价单、中标通知书或者成交确认书格式、海域使用权出让合同文本。

出让方案审批文件有效期为二年。

第十条 沿海市、县（市、区）人民政府应成立海域使用权招标拍卖挂牌工作小组，加强对海域使用权招标拍卖挂牌工作的领导。负责提出所辖海域使用权出让基准价格建议；审查招标拍卖挂牌出让价格；监督招标拍卖挂牌活动的全过程；统筹监管海域使用权出让过程中各项费用的缴纳与支出；决定招标拍卖挂牌出让工作的重大事项。

第十一条 招标、拍卖或者挂牌出让海域使用权的标底、底价应当参照海域价格评估结果确定，不得低于省规定的海域使用权出让基准价格和前期工作费用等的总和。海域价格评估应严格按照评估规范执行。

海域使用权出让基准价格，由省海洋主管部门根据海域的区位、使用类型、使用功能等确定，不得低于国家和省规定的同类海域同一使用类型的海域使用金标准。

确定招标、拍卖和挂牌的起叫价、起始价、底价，投标、竞买保证金，应当实行集体决策。

招标标底和拍卖挂牌的底价，在招标开标前和拍卖挂牌出让活动结束之前应当保密。

第十二条 中华人民共和国境内外的自然人、法人和其他组织，除法律、法规另有规定外，均可申请参加海域使用权招标拍卖挂牌出让活动。

出让人在招标拍卖挂牌出让公告中不得设定影响公平、公正竞争的限制条件。挂牌出让的，出让公告中规定的申请截止时间，应当为挂牌出让结束日前二日（工作日，下同）。对符合招标拍卖挂牌公告规定条件的申请人，出让人应当通知其参加招标拍卖挂牌活动。

第十三条 投标人或竞买人有了解招标拍卖挂牌海域基本情况的权利，海洋主管部门应当提供有关材料。

投标人或竞买人应当依法参与投标或竞买活动，遵守投标或竞买规则，不得有弄虚作假或串通压价等行为。

第十四条 出让人应当至少在投标、拍卖或者挂牌开始前二十日在相关指定媒体发布招标、拍卖或者挂牌公告，公布招标、拍卖挂牌出让海域的基本情况和招标拍卖挂牌的时间、地点。招标、拍卖或者挂牌出让公告应当包括下列主要内容：

（一）出让人名称和地址；

（二）出让海域的位置、用海类型、用海方式、使用方向、面积、使用年限、建设项目规划条件；

（三）投标人、竞买人的资格要求及申请取得投标、竞买资格的办法；

（四）投标、竞买保证金；

（五）获取招标拍卖挂牌出让文件的时间、地点及方式；

（六）招标拍卖挂牌时间、地点、投标挂牌期限、投标和竞价方式等；

（七）其他需公告的事项。

第十五条 投标、开标依照下列程序进行：

（一）投标人应当在招标文件要求提交投标文件的截止时间前，将投标文件送达投标地点。招标人收到投标文件后，应当签收保存，不得开启。投标人少于三个的，招标人应当重新招标。

（二）招标人按照招标文件规定的时间、地点开标，由投标人或者其推选的代表检查投标文件的密封情况，也可以由招标人委托的公证机构检查并公证，经确认无误后，由工作人员当众拆封，宣布投标人名称、投标价格和提交文件的主要内容。出让人开标时应邀请所有合格投标人参加。

（三）评标小组进行评标。评标小组由出让人代表、有关专家组成，成员人数为五人以上的单数。

评标小组可以要求投标人对投标文件作出必要的澄清或者说明，但是澄清或者说明不得超出投标文件的范围或者改变投标文件的实质性内容。

评标小组应当按照招标文件确定的评标标准和方法，对投标文件进行评审。

（四）招标人根据评标结果，确定中标人。

按照价高者得的原则确定中标人的，可以不成立评标小组，由招标主持人根据开标结果，确定中标人。

对能够最大限度满足招标文件中规定的各项综合评价标准，或者能够满足招标文件的实质性要求且价格最高的投标人，应当确定为中标人。

第十六条 投标文件有下列情形之一的，应当按无效投标文件或废标处理：

（一）超过投标截止日所投的投标文件；

（二）投标文件或投标文件附件不全或不符合招标文件实质性规定的；

（三）投标文件或投标文件附件字迹不清，无法辨认的；

（四）投标人不具备招标公告中规定资格的；

（五）委托他人代理的，委托文件不全或不符合规定的；

（六）投标文件报价低于标底的；

（七）重复投标的。

第十七条 海域使用权拍卖依照下列程序进行：

（一）拍卖主持人点算竞买人；

（二）拍卖主持人介绍拍卖宗海的位置、面积、用途、使用期限、规划要求和其他有关事项；

（三）拍卖主持人宣布起叫价和增价规则及增价幅度，没有底价的，应当明确提示；

（四）拍卖主持人报出起叫价；

（五）竞买人举牌应价或者报价；

（六）拍卖主持人确认该应价或者报价后继续竞价；

（七）拍卖主持人连续三次宣布同一应价或者报价而没有再应价或者报价的，主持人落槌表示拍卖成交；

（八）拍卖主持人宣布最高应价或者报价者为竞得人。

第十八条 竞买人的最高应价或者报价未达到底价时，主持人应当终止拍卖。

拍卖主持人在拍卖中可根据竞买人竞价情况调整拍卖增价幅度。

第十九条　海域使用权挂牌程序依照下列程序进行：

（一）在挂牌公告规定的挂牌起始日，出让人将挂牌宗海的位置、面积、用途、使用期限、规划要求、起始价、增价规则及增价幅度等，在挂牌公告规定的海域使用权交易场所挂牌公布；

（二）符合条件的竞买人填写报价单报价；

（三）挂牌主持人确认该报价后，更新显示挂牌价格；

（四）挂牌主持人继续接受新的报价；

（五）挂牌主持人在挂牌公告规定的挂牌截止时间确定竞得人。

第二十条　挂牌时间不得少于十日。挂牌期间可根据竞买人竞价情况调整增价幅度。

第二十一条　挂牌期限届满，挂牌主持人现场宣布最高报价及其报价者，并询问竞买人是否愿意继续竞价。有竞买人表示愿意继续竞价的，挂牌出让转入现场竞价，通过现场竞价确定竞得人。挂牌主持人连续三次报出最高挂牌价格，没有竞买人表示愿意继续竞价的，按照下列规定确定是否成交：

（一）在挂牌期限内只有一个竞买人报价，且报价不低于底价，并符合其他条件的，挂牌成交；

（二）在挂牌期限内有两个或者两个以上的竞买人报价的，出价最高者为竞得人；报价相同的，先提交报价单者为竞得人，但报价低于底价者除外；

（三）在挂牌期限内无应价者或者竞买人的报价均低于底价或者均不符合其他条件的，挂牌不成交。

第二十二条　以招标、拍卖或者挂牌方式确定中标人、竞得人后，出让人应当向中标人发出中标通知书或者与竞得人签订成交确认书。

中标通知书或者成交确认书应当包括出让人和中标人或者竞得人的名称，出让标的，成交时间、地点、价款、有效期限以及签订海域使用权出让合同的时间、地点等内容。

中标通知书或者成交确认书对出让人和中标人或者竞得人具有法律效力。出让人改变中标或竞得结果，或者中标人、竞得人放弃中标宗海、竞得宗海的，应当依法承担责任。

第二十三条　中标人、竞得人应当按照中标通知书或者成交确认书约定的时间，与出让人签订海域使用权出让合同。填海项目由设区的市或县（市、区）海洋主管部门和设区的市或县（市）国土资源主管部门与中标人或者买受人签订海域使用权（国有土地使用权）出让合同。

签订海域使用权出让合同后中标人、竞得人支付的投标、竞买保证金抵作海域使用权出让金。其他投标人、竞买人支付的投标、竞买保证金，出让人必须在招标拍卖挂牌活动结束后五日内予以退还，不计利息。

第二十四条　出让人应当在拍卖挂牌活动结束后十日内，将出让结果在指定的场所、媒体公布。

第二十五条　受让人依照海域使用权出让合同的约定付清全部海域出让价款后，方可申请海域使用权登记，领取海域使用权证书。

未按海域使用权出让合同约定缴清全部海域出让价款的，不得发放海域使用权证书。

第二十六条　中标人、竞得人无正当理由不与出让人签订海域使用权出让合同，在签订合同时向出让人提出附加条件的，取消其中标资格，投标、竞买保证金不予退还。给出让人造成的损失超过投标、竞买保证金数额的，还应当对超过部分予以赔偿。

第二十七条　投标人、竞买人以弄虚作假、串通压价等非法手段扰乱招标拍卖挂牌出让海域使用权活动的，出让人应当依法取消其投标或竞买资格，造成损失的，应当依法承担赔偿责任。

第二十八条　海洋主管部门的工作人员在招标拍卖挂牌出让活动中玩忽职守、滥用职权、徇私舞弊的，依法给予处分；构成犯罪的，依法追究刑事责任。

第二十九条　本办法自 2013 年 3 月 1 日起施行。原《浙江省招标拍卖挂牌出让海域使用权管理办法》（浙海渔管〔2011〕7 号）同时废止。